人工智能
与价值观

Artificial Intelligence and Values

李仁涵 黄庆桥 等 编著

上海交通大学出版社
SHANGHAI JIAO TONG UNIVERSITY PRESS

内容提要

人工智能正在以润物细无声的态势,进入各个产业领域和社会方面,预示着科技与经济、社会、生活融合的未来景象。深入了解人工智能的应用情况,准确评估其对社会道德价值体系产生的影响,将是我国应对下一个快速发展时期的重要手段,以便明确前进方向,实现精细治理,维护社会价值体系在科技大潮中的稳定和可持续发展。

图书在版编目(CIP)数据

人工智能与价值观/李仁涵等编著.—上海:上海交通大学出版社,2021
ISBN 978-7-313-24957-9

Ⅰ.①人… Ⅱ.①李… Ⅲ.①人工智能 Ⅳ.①TP18

中国版本图书馆 CIP 数据核字(2021)第 092254 号

人工智能与价值观
RENGONGZHINENG YU JIAZHIGUAN

编　　著:	李仁涵　黄庆桥　等			
出版发行:	上海交通大学出版社	地　　址:	上海市番禺路 951 号	
邮政编码:	200030	电　　话:	021-64071208	
印　　制:	上海新艺印刷有限公司	经　　销:	全国新华书店	
开　　本:	880mm×1230mm　1/32	印　　张:	7.125	
字　　数:	139 千字			
版　　次:	2021 年 6 月第 1 版	印　　次:	2021 年 6 月第 1 次印刷	
书　　号:	ISBN 978-7-313-24957-9			
定　　价:	68.00 元			

编 委 会

章 节 分 工

第一、二章：李芳薇（北京大学）

第三章：沈辛成（上海交通大学）

第四章：叶璐、翟云杰（上海交通大学）

第五章：周正（上海交通大学）

第六章：黄庆桥、黄蕾宇（上海交通大学）

后　记：李仁涵、沈辛成（上海交通大学）

序

　　2015—2020 年，人工智能呈现爆发性增长，已开始"嵌入"到人们生产和生活之中，美国、欧盟、英国、日本、韩国、东盟、中国等国家和地区，纷纷加强顶层设计，成立专门机构统筹推进人工智能重大科技研发项目。目前看，人工智能已从自由探索的科研模式转型升级为国家战略推动创新发展的模式。各国政府、大学、科研机构、产业、金融界等竞相争夺该领域的前沿阵地，不同层面的布局都指向同一个预判：在未来数十年间，人工智能有着改变全球社会的巨大潜力。

　　2018 年 1 月，上海交通大学人工智能研究院成立并揭牌，同年 2 月，获批建设人工智能教育部重点实验室。2019 年，上海交通大学成为全国首批人工智能专业建设高校；在研究生教育层面，上海交通大学设立了吴文俊人工智能荣誉博士班，着重培养人工智能领域领军人才。与此同时，上海交通大学坚持"扎根上海、辐射长三角、服务全国"的宗旨，为中国人工智能产业的发展提供坚实的智力支持。上海交通大学牵头共建的上海人工智能研究院有限公司，正实现平台实体化运行，并与上海交通大学苏州人工智能研究院和上海交通大学宁波人工智能研究院共同完成"上海—宁波—苏州长三角人工智能协同创新平台"布局,联合探索人工智能校地之间"政产学研用金"的合作。

三年来,上海交通大学不仅在人工智能理论、技术、应用及人才培养等方面谋求发展与进步,同时也高度重视人工智能带来的社会层面问题的研究,《人工智能与价值观》一书就是其中的一项研究成果。该书在编写过程中,以历史眼光和全球视角审视人工智能的发展,资料翔实、文风简朴,秉持理性、客观、严谨的学术研究态度,通过对技术革命中的价值观演变、人工智能发展带来价值观的重塑、人工智能与美国价值观、人工智能与欧洲价值观、人工智能与日本价值观、人工智能与中国价值观等方面的研究,提出了重视人工智能发展的国家需要团结协作,求同存异,寻求最大的价值公约数,是关乎到人类集体共有的未来;提出了全球在人工智能发展的同时,高度共同关注以人为本、和而不同、人类命运共同体等问题。

当前,由于人工智能发展处于初级阶段,该书在编撰中尚存在不足、疏漏和错误之处,希望编委们在今后能够持续跟踪、不断完善与修正,为人工智能持续健康发展做出应有的贡献。

上海交通大学校长

2021 年 2 月 28 日

目　录

第1章
技术革命中的价值观演变

比较视野中价值观的多样性

价值观是多种人文、社会学科共同关注的问题，哲学、经济学、伦理学、教育学、人类学、社会学、社会心理学等学科都在这一领域进行过不同角度的探索。[①] 其中，哲学关注价值观所反映的主体和客体之间的关系；伦理学关注价值观对人的行为的规范性；人类学关注价值观表达的文化特征；教育学关注影响价值观形成和改变的个体社会化过程及其教育干预；经济学关注人类经济行为的深层心理原因和类型；社会学关注社会结构及社会变迁对价值观的影响；社会心理学则关注价值观的心理结构、过程、功能及其测量。[②]

早在 20 世纪 30 年代，美国心理学家奥尔波特（G. W. Allport）和弗农（P. E. Vernon）采用德国心理学家斯普兰格

[①] 李德顺. 价值学大辞典 [M]. 北京：中国人民大学出版社，1995.
[②] 杨宜音. 社会心理领域的价值观研究述要 [J]. 中国社会科学，1998（02）：3 - 5.

（E. Spranger）对人的六种分类（经济的、理论的、社会的、审美的、宗教的、权力的）制订了一份"价值观研究量表"，进行了具有开创意义的价值观研究。① 20 世纪 50 年代，由美国人类学家克莱德·克拉克洪（Clyde Kluckhohn）提出的价值观定义确立了支配地位，从操作层面对价值观的各种定义进行了整合。他认为：价值观是一种外显的或内隐的，有关什么是"值得的"看法，它是个人或群体的特征，它影响人们可能会选择什么行为方式、手段和结果来生活。② 20 世纪 70 年代，美国社会心理学家米尔顿·罗克奇（Milton Rokeach）把价值观理解为一种信念，他把价值观分为终极价值观和工具性价值观两个方面，开始了从维度而不仅仅是从内容上对价值观的分析和测量，使价值观的研究进一步走向深入，③ 由他编制的《罗克奇价值观调查表》至今仍是国际上广泛使用的价值观问卷。20 世纪 80 年代以来，以美国社会心理学家谢洛姆·施瓦茨（Shalom H. Schwartz）为代表的研究者开始从需要和动机出发来解释价值观的深层内涵，试图在此基础上构建一个具有普遍文化适应性的价值观的心理结构。施瓦茨认为，价值观是合乎需要的超越情境的目标，它们在重要性上不同，在一个人的生活中或其他

---

① （美）米尔顿·罗克奇（Milton Rokeach）. 人格理论（第 8 版）［M］. 高峰强，等，译. 西安：陕西师范大学出版社，2005：152.
② （美）克鲁克洪（Kluckhohn, C.）. 文化与个人［M］. 高佳，译. 杭州：浙江人民出版社，1986：40.
③ Milton Rokeach. The Nature of Human Values［J］. American Journal of Sociology, 1973，89 (2).

社会存在中起着指导原则的作用。①

由于视角、方法的不同，研究者对价值观概念的界定难以统一，但我们不难从中看出一些共识。从价值观的主体角度考虑，它既可能是一种个体现象，也可能是一种社会现象，还可能是一种文化现象；从价值观的表现形式看，它既可能是外显的也可能是内隐的；从价值观的功能看，多数研究者认为价值观对行为具有导向作用。

与世界观、人生观一样，价值观具有多样性，涉及社会生活的各个领域，任何一个社会都存在着多种多样的价值观，它们反映了社会多种多样的文化传统，人们多种多样的生存条件、活动方式和利益等。在传统社会，由于社会生活分化的不充分以及社会关系的狭隘，价值观总体上具有一定的单调性和封闭性。现代社会的复杂多样及其冲突，打破了传统社会单调、封闭、僵化的状态。特别是由社会生产力从低到高的发展以及科技进步对全球空间版图的重构而推动的经济全球化，极大拓展了人类的生存空间，促进了全球治理体系的革新。与此同时，经济全球化也加剧了不同发展道路、文化、宗教信仰之间的激荡碰撞，价值观的多样性成为一个显著的事实。

社会层面的价值观研究在西方发达国家是较为普遍的。长期以来，许多学者致力于在社会、文化以及政治不断变迁的情

① Shalom H. Schwartz. Are There Universal Aspects in the Structure and Contents of Human Values? [J]. Journal of Social Issues，1994，50 (4).

境下，探讨全球不同国家和地区居民的价值与行为，并通过普查的方式探寻个人的微观价值观变化与社会变迁之间的联系。其中，由美国政治学家罗纳德·英格尔哈特（Ronald Inglehart）主持的世界价值观调查项目（World Values Survey，WVS）是涉及范围较广、产生影响较大的典型代表。该项目由瑞典的非营利组织"世界价值观研究协会"（World Values Survey Association，WVSA）主持进行，是一项描述世界社会文化和政治变迁等问题的调查研究。WVS 的调查对象是全球范围内具有代表性国家或地区的普通民众，目前已发展到六大洲 97 个社会群体中，覆盖了 88％的世界人口。具体说来，WVSA 从 20 世纪 80 年代起以 4 至 5 年为一个周期开展价值观普查，通过委派组织成员进行调查督导，委托当地研究机构进行以随机抽样访谈的方式来完成数据采集的工作。

　　基于 WVS 的数据，英格尔哈特和德国政治学家克里斯蒂·韦尔泽（Christian Welzel）设计出了一套四维世界价值观地图（见图 1-1）来展现全球范围内的跨文化差异（Cross-Cultural Variation）。在四维地图中，人类价值观被定义为"自我表达""世俗理性""传统价值观""生存价值观"。其中，"世俗理性"与"传统价值观"反映了社会群体之间两个相反的过程，靠近"传统价值观"一侧更加强调家庭教育、传统礼仪和对权威的遵从，以及反对自杀、堕胎和讲究伦理等传统家庭观念。相反的一侧，即"世俗理性"则更加倾向于个人自身

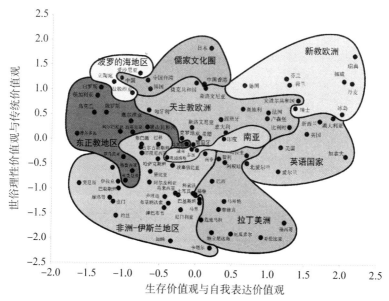

图1-1 英格尔哈特—韦尔泽世界文化地图
（Inglehart-Welzel cultural map of the world）

的实际需要。①

　　在图1-1上，纵坐标向上移动反映了从"传统"到"世俗理性"的转变，传统价值观强调宗教、亲子关系、尊重权威和传统家庭的重要性，信奉这些价值观的人拒绝离婚、堕胎、安乐死和自杀，同时一般都有高度的民族自豪感和民族主义观。世俗理性价值观与传统价值观有相反的偏好。在世俗理性价值观占优的社会宗教、传统家庭和权威不会得到特别的重

① Inglehart R., Haerpfer C., Moreno A., et al.（eds.）. 2014. World Values Survey: Round Six-Country-Pooled Datafile Version: https://www.worldvaluessurvey.org/WVSDocumentationWV6.jsp. Madrid: JD Systems Institute.

视，离婚、堕胎、安乐死和自杀被认为是相对可以接受的。横坐标向右移动则反映了从"生存"到"自我表达"的转变。生存价值观强调经济和人身安全，这与相对种族中心主义的观点以及低水平的信任和宽容有关。自我表达价值观高度重视环境保护，对外国人、男女同性恋者和不同性别更为平等。从图1-1中还可以看出，经济的全球化并未掩盖价值观的多样性，在全球范围内，社会之间的基本价值观差异仍然比社会内部大得多。

价值观多样性源于人的需要是价值关系形成的主体依据。① 人们正是在意识到需要的基础上对各种价值关系进行判断、反思和整合，才形成了价值观。不同的人有不同的需要和自我意识，从而形成不同的价值观。人的需要的多层次性，决定了价值观的多层次性；人的需要的社会性，决定了价值观的社会性；人的需要的历史性，决定了价值观的历史性。

价值观的多样性必然引发价值观的冲突。现代社会价值观的冲突具有广泛性和复杂性，它表现为个人与个人之间，个人与群体、社会之间，以及群体与群体之间的价值观冲突。② 在效率与公平、自由与平等、利益与道义、环境价值与经济价值等一系列重要问题上，不同主体常常得出不同的乃至截然相反的看法；同一个主体在不同领域、不同方面的价值取向也往往呈现出多变性与矛盾性。这些矛盾和冲突实质上源于不同形态的

① 季明. 核心价值观概论 ［M］. 北京：人民日报出版社. 2013：9.
② 吴向东. 论价值观的形成与选择 ［J］. 哲学研究，2008 (5)：22-28.

价值观，如传统价值观与现代价值观、本土价值观与外来价值观、主导价值观与非主导价值观、宗教价值观和世俗价值观、精英价值观与大众价值观等之间的一系列的矛盾和冲突。不存在一个抽象的、永恒不变的、适应于任何时代、任何民族、任何阶级的价值观。不同的价值观，体现着不同的民族、阶级、社会集团对价值关系应然状态的期盼与展示。

价值观的变与不变

作为社会意识系统的有机组成部分，价值观在形成后将渗入人们的一切价值活动之中，是人们进行价值评价、选择、创造的导向和依据。只要人们始终站在现实历史的基础上，不是从观念出发来解释实践，而是从物质实践出发来解释观念的形成，[①] 那么价值观就必然是建构在一定的社会经济基础之上的，是一定时代人们的社会存在、社会实践、生活经历的产物和表现，是一定时代文化传统、生活方式、风俗习惯、社会心理等因素潜移默化地濡染和熏陶的结果。

作为文化系统的深层结构，价值观具有相对的持久性或延续性，在相当长的时期内会自觉或不自觉地发挥作用，影响和支配人们的思想和行为。在特定的时间、地点、条件下，人们的价值观总是相对稳定的。例如，对某种事物的好坏总有

①《马克思恩格斯全集》第 30 卷［M］. 北京：人民出版社. 1995：92，291.

一个看法和评价，在条件不变的情况下，这种看法不会骤然改变。

　　但是，人们的观念、观点和概念，随着人们的生活条件、人们的社会关系、人们的社会存在的改变而改变。① 价值观的不变是相对的，它必然会随着时代发展而发展、变革而变革，并随时接受人们的社会生活实践的检验、修正和完善。在社会发展平稳时期，价值观寓于日常生活之中，人们只是自觉或不自觉地听从它的导引。而在社会变革时期，新旧价值观常常产生碰撞、发生冲突，对价值观的比较、反思、批判、变革就会随之提上日程。社会变革的初期，价值观出现多元、紊乱和失序的情况，许多人感到茫然失措和无所适从。接下来，维护旧秩序的价值观和反映历史进步要求的价值观发生激烈的冲突，旧价值观的缺陷逐渐显现，而某些新的价值观则开始展示强大的生命力，得到大众的认同和拥护。最后，经过理性的论证，特别是实践的检验，人们选择和接受新的价值观，从而完成价值观的新旧交替。这种情况不只出现在历史上社会形态发生重大变革之时，即使在同一社会形态中，当社会生活发生巨大变革的时候，也可能会出现。

　　全球范围内，已有多项跨代际的长期调查试图研究价值观的变迁问题。1953 年至 1988 年间，日本统计数理研究所国民性调查委员会每隔五年就进行一次关于日本国民性的调查。日本

①《马克思恩格斯全集》第 30 卷 [M]. 北京：人民出版社. 1995：291.

社会学者在"日本的国民性研究"这一题目下，以 5 年为一个周期进行了 30 余年的价值观调查工作，其意图主要是了解日本国民舆论、态度、价值观的变革，并根据调查的结果编辑出版了五本《日本人的国民性》。[①] 在 1972—1993 年的 20 余年间，津留宏、坂捌一、秋叶英则等日本社会学研究者又对"现代日本青年价值观的发展和变迁"进行了较为系统的研究。[②] 1970 年代末，由欧洲价值观体系研究集团（the European Value System Study Group，EVSSG）发起了针对西欧 10 个国家的大型跨国调查项目欧洲价值观调查（European Value Survey，EVS），调查结果显示受访国家居民在政治、家庭、宗教、性别等价值观念上存在较大差异。[③] 1980 年，荷兰心理学家吉尔特·霍夫斯塔德（Geert Hofstede）基于对 40 个国家、超过 116000 人不同职业价值观的研究，将不同文化间的差异归纳为六个基本的文化价值观维度，开创了文化差异研究的先河。[④] 这些研究方法颠覆了研究社会问题时传统单一的东西方地理划分，将包括种族血统、历史、自然环境等社会研究中的变量通过基础价值观反映出来，以更为宽广的视角理解社会变迁。

20 世纪 70 年代的西方发达工业社会中，民众的价值类型出现明显的代际变化，形成物质主义价值观与后物质主义价值观

① 张建立. 日本国民性研究 [J]. 日本学刊，2015 (B01)：82 - 89.
② 张建立. 日本国民性研究的现状与课题 [J]. 日本学刊，2006 (06)：131 - 142.
③ 木卜. 当代欧洲人的价值观 [J]. 道德与文明，1985 (2)：36 - 36.
④ Hofstede G. Culture's consequences: International differences in work-related values [M]. sage，1984.

的分野。英格尔哈特提出的价值观变迁理论是当今政治文化研究领域中的重要理论之一，这一论断在随后数十年的价值观调查研究中反复得以佐证。① 英格尔哈特指出，急剧的社会变革之中，一方面是等级制权力、爱国主义和宗教等的合法性的降低所导致的对制度的信任度降低；另一方面是新价值的政治表达受制于精英与群众政治技能平衡的变化。② 他所考察的价值观变迁进程（见图1-2）如下：

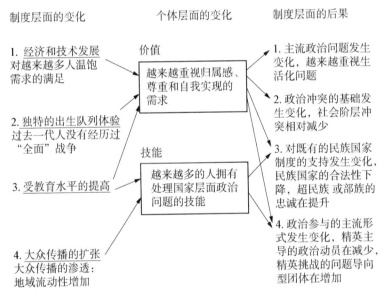

图1-2   英格尔哈特考察的价值观变迁进程

---

① 罗纳德·英格尔哈特，黄语生. 变化中的价值观：经济发展与政治变迁 [J]. 国际社会科学杂志（中文版），1996（03）：7-31+3.

② Inglehart R. The silent revolution in Europe：Intergenerational change in post-industrial societies [J]. The American political science review，1971：991-1017.

在英格尔哈特看来，某些基本的价值和技能看起来正以一种渐进的但根深蒂固的方式发生着变化，价值观变迁的两种进程互相强化，深刻影响着社会政治结构的变革。价值、技能与结构三个变量共同决定着政治变迁的路径，价值观变迁理论的核心理念也是围绕着这三个变量而展开的。

就价值观变迁对现实政治生活的当代意义而言，价值观变迁关系到整个社会的政治分裂程度、政治参与的议题和有效性，以及社会思潮的传播与蔓延。民众的价值观是政治文化的核心，它指导着人们在政治生活中的各项选择，如选择什么样的政体、什么样的规则来促进权力的运用，赋予政治组织什么样的目的，并以什么样的态度对待政治组织：信仰抑或怀疑，参与还是疏离，支持还是挑战等。

从社会发展动力的角度看来，价值观在引导人类产生社会行为并进一步推动社会进步的过程中起着至关重要的作用。工业革命以来许多国家的社会发展以经济增长为主，与此相匹配的是"现代性"价值观，它被广泛认为是一种经济主导型观念，一直视"经济增长"为解决贫富差异、环境破坏和其他社会问题的最终力量。但是，近现代许多经济学家和社会学家已经不再肯定这种经济主导型价值观，如美国后现代思想家约翰·科布（John B. Cobb，Jr.）从宏观经济学和公共政策的角度对"经济增长解决社会问题"的观念进行了斥责。他认为，单纯的经济发展不能解决第三世界国家人口过度增长问题，不足以帮助人们产生正确的环境观，它会阻碍卫生、教育、文化以及政治上人权及民主的发展。① 今天普通民众关注公共事业的重心已经发生转移，现代社会经济发展观念急需转变的思想得到支持。例如，现在许多国家的人们都在关注着贫富差距、环境保护、教育投入、食品与医药安全等话题，而不再只是国内生产总值（GDP）。

这种价值观转变极有可能会像工业革命后技术进步推动世界经济发展那样，成为未来社会变迁的重要动力。另一个广泛的共识是，决定社会发展方向的很大一部分力量是来自整个社会群体的意志，这些意志或价值观通过各种机制转化为行为乃至动力来指导以后的社会发展。这样看来，如果我们研究社会群体的基础价值观及其转变，并通过它们得到不同国家和地区在经济发展以外的政治文化上的解释，那么就能够进一步探寻这些社会的发展变迁问题，而不至于被经济数据所蒙蔽。

此外，一些学者指出，改革开放以来中国社会处于加速转型之中。加速转型的重要结果之一就是"时空压缩"，即在同一个时空范围内呈现出了传统社会的前现代性、现代工业社会的现代性和后工业社会的后现代性的共存。② 共存的前现代性、现代性和后现代性分别具有相应的价值观内涵，这也就意味着价值观的交锋和交替也将在中国长期共存。

---

① （美）小约翰·B. 科布（John B. Cobb, Jr.）. 后现代公共政策重塑宗教、文化、教育、性、阶级、种族、政治和经济 [M]. 李际，张晨，译. 北京：社会科学文献出版社. 2003.
② 车德志，张艳涛. 当代中国的转型与发展 [J]. 求实，2013（03）：37 - 40.

技术驱动下价值观的历史嬗变

20世纪以来，科学技术的快速发展开启了人类文明新时代的大门。科学技术取得的重大成果迅速转化成科技产品，深入到人们的社会生活、生产的方方面面，全面地影响并改变了人类的思维方式和行为模式，成为社会及人们的日常生活的控制因素。

多数哲学家承认价值观与科学技术之间的相互影响是显而易见的，进行科学研究的首要原因是理解和认识世界具有重要的价值。其中，真理性、客观性和经验充分性等价值观对科学事业来说至关重要，它们也被普遍认可为优秀理论应有的特征，有助于我们认识这个世界。也有哲学家认为某些价值观与科学无涉，英国哲学家伯特兰·罗素（Bertrand Russell）即认为：鉴于科学只关心事实，公正与否等价值观因素根本就不在其考虑范围内。[①]

关于技术本身价值的研究一直是一个存在着颇多争议的领域，技术中性论与技术价值论之间的争议由来已久。持"技术中性论"观点者否认技术有其社会作用和社会影响、技术应用可服务于不同的社会目的，认为技术本身是中性的。例如德国生态哲学家汉斯·萨克塞（Hans Sachsse）认为："由于技术只

① 罗素. 人类的知识 [M]. 张金言，译. 北京：商务印书馆，1989：297.

是方法，只是工具，技术行为目的总是存在于技术之外。"① 另外一些学者则认为技术与技术的运用和后果并非绝对分立，技术本身是负荷价值的，技术是加工、处理、控制物质、能量、信息，进而实现一定价值目的的过程。加拿大哲学家、物理学家马里奥·邦格（Mario Bunge）就认为："技术在伦理上绝不是中性的，它涉及伦理学，并且游移在善和恶之间。"②

　　恩格斯指出，"马克思把科学技术首先看成是历史的有力杠杆，看成是最高意义上的革命力量。"③ 随着科学技术的迅猛扩张，人的主体性地位逐渐消失，科学技术转而成为资本主义社会的主导因素。科学技术既增强了人类征服和改造自然的能力，成为人们从必然王国走向自由王国的保证，同时也为新社会创造了必要的物质基础。关于技术与价值领域的问题，西方学者一直给予了充分的关注。法兰克福学派就从价值观的角度对科学技术进行了深刻的理论反思和批判，以期重塑以人为价值主体的科学技术价值观。学派早期代表、创始人霍克海默（Max Horkheimer）结合资本主义新的发展形势，以工具理性为主要批判对象，否定了资本主义统摄下科学技术的价值取向。他认为："科学技术不再以人为价值主体，其取消了自身对意义的追求，成为资产阶级对人的操纵手段，异化为资产阶

① （德）萨克塞（Sachsse, Hans）. 生态哲学 [M]. 文韬，佩云，译. 北京：东方出版社. 1991：162.
② Bunge, M. 技术的哲学输入和哲学输出 [J]. 自然科学哲学问题丛刊，1984（1）：54-64.
③ 《马克思恩格斯全集》第19卷. 北京：人民出版社，1963：372.

级的统治工具。"①

　　技术的自然属性和社会属性在技术社会化进程中不断被放大，从而导致了技术驱动的力量在自然、社会和人本层面的强化。同时，技术内在价值的两重性和技术应用的两重性有着必然的内在联系。因此，要探究技术发展对价值观的影响，就不能回避对技术本质、技术价值两重性、技术应用两重性、技术应用的过程意义和终极价值等方面进行多层面的剖析。因此，美国技术哲学家约瑟夫·皮特（Joseph C. Pitt）提出："如果技术反映了我们的价值体系，或者即使它们仅仅影响了我们社会的经济结构，我们就应该知道这意味着什么以及它是如何发生的。"② 另一位美国技术哲学家卡尔·米切姆（Carl Mitcham）也认为："未来的技术哲学研究，将更注重对技术应用过程意义与价值的考察"，同时"这种技术应用的意义与价值的定位，显然必须在一个动态的伦理层面上去考察"。③

　　除了哲学家以外，科学家也在追问科学技术的价值。美国著名物理学家理查德·费曼（Richard P. Feynman）在参与原子弹的制造工作之后，开始反思自己年轻时对科学价值的思考，他提出了这样的问题："当我们看到科学也可以带来灾难时，那

① 高亮华. 技术：社会批判理论的批判——法兰克福学派技术哲学思想述评 [J]. 自然辩证法研究，1992（02）：23-30.

② Pitt J C. On the philosophy of technology, past and future [J]. Society for Philosophy and Technology Quarterly Electronic Journal，1995，1（1/2）：18-22.

③ Mitcham C. Notes toward a philosophy of meta-technology [J]. Society for Philosophy and Technology Quarterly Electronic Journal，1995，1（1/2）：13-17.

么我如此热爱，并且毕生孜孜为之的科学事业的价值究竟何在？"

费曼自己对这个问题的回答是："科学的价值的第一点是众所周知的。科学知识使人们能制造许多产品、做许多事业。当然，当人们运用科学做了善事的时候，功劳不仅归于科学本身，而且也归于指导着我们的道德选择。科学知识给予人们能力去行善，也可以作恶，它本身可并没有附带着使用说明。这种能力显然是有价值的，尽管好坏决定于如何使用它。"

科学的另一个价值是提供智慧与思辨的享受。一些人可以从阅读、学习、思考中得到这种享受，而另一些人则要从真正的深入研究中得到满足。这种智慧思辨享受的重要性往往被人们忽视，特别是那些喋喋不休地教导科学家要承担社会责任的先生们。

另外一个不容低估的科学的价值是它改变了人们对世界的概念。由于科学的发展，我们今天可以想象无穷奇妙的东西，比诗人和梦想者的想象丰富离奇千万倍。自然的想象和多姿比人类要高明得多。例如，诗人想象巨大的海龟驮着大象到海里旅行；而科学给了我们一幅图画——天宇中一个巨大的球在旋转，在它的表面，人们被神奇的引力吸住，并附着它在旋转。①

伴随着技术价值的产生、技术价值的增值以及技术的应用，人类社会历史上价值观的嬗变是否可以说体现在自然、社会和

---

① （美）理查德·费曼. 发现的乐趣 [M]. 北京联合出版公司，2018：144.

人本三个层面上的技术价值的实现之中？同时，我们是否也应承认，技术的正负价值是相对而言的，不存在绝对的正价值和绝对的负价值，技术价值的正负属性在一定的条件下是可以相互转化的。

费曼思考了技术驱动下价值观变迁的两种可能走向：一方面，人们创造技术是为了利用它，人们使用技术是因为它有可利用的正价值，但技术（价值）只要被应用，就总会产生积极的和消极的影响——正价值和负价值总是同时或先后实现；如农药作为一种技术产品，它的应用可以使农作物高产——实现正价值，但同时也污染了环境和食物，给人类健康造成危害——实现负价值。另一方面，技术可能带来的毁灭性后果不一定是绝对的坏事、绝对的负面影响，例如，原子弹的应用因其巨大的杀伤力成为世界和平最大的潜在威胁之一，但它也能为爱好和平的人们抗衡核威胁提供保障。

正如核技术的诞生极大地影响了 20 世纪人类文明的发展进程一样，人工智能在 21 世纪将对人类社会带来前所未有的巨大挑战。生物科学、计算科学的发展，未来仿生生命极有可能威胁人类世界，科幻电影、科幻文学都表述过这种担忧，即在未来某个时间点，人工智能可能会颠覆人类世界的统治，会导致毁灭性灾难的来临。而当下，我们正生活在一个任何人都无法摆脱数据的大数据时代，人工智能不断地塑造并改变人类的日常生活与社会行为，例如在城市管理中，智能手机的位置定位功能有助于掌握人口密度与人员流动信息；共享单车的使用轨迹有助于优化城市道路建设，这些在过去都是无法想象的。

如上所述，人工智能世界是数字化行为构成的世界，大数据使数据的用途发生了质变，智能机器与数据世界的互动使人类进入了利用大数据进行预测或决策的新时代。算法是实现人工智能对现实世界产生影响的基础。一些乐观主义者倡导用算法判断取代人的判断，这种观点延续了"技术决定论"的传播研究路径，忽视了算法设计的社会建构功能，也遮蔽了人工智能的技术风险和社会影响。在某种意义上讲，算法只是一种工具，它不能完全区隔价值观、抽离价值观。文化是先于算法设计而存在的，植根于现存的社会制度、实践、态度及其价值取向之中，通过设计者的设计理念和预期嵌入到程序设计之中。技术决定论或技术乐观派是否会导致整体上对技术的历史和哲学的无知？技术的发展是否将加强对生活世界的殖民统治，并通过扩大技术对人的控制破坏生活世界的意义，进一步约束人类的自主性？悲观主义者认为，最终科学技术畅通无阻地占据人的生活领域，导致德国哲学家埃里希·弗罗姆（Erich Fromm）所预言的"一个致力于最大规模的物质生产和消费的，由计算机所控制的完全机械化的新社会"①。

人工智能可能从根本上改变了迄今为止由传统和人类价值加以调控的行为，它实际上创造了一种新的社会，这个社会不仅仅只是旧社会的现代版本。这个崭新的社会将由何种价值观

---

① Fromm E. The revolution of hope, toward a humanized technology Vol. 38 [J]. 1968.

主导？2018 年，著名华人科学家、人工智能研究者李飞飞在《如何让 AI 更加人性化》一文中表达了对人工智能发展的兴奋与担忧，并提出"以人为中心的 AI"发展道路，期望引导人工智能成为人类社会生活进步的一股力量。[①] 同时她反驳了机器无价值观的观点，她认为机器的价值观就是人类的价值观，这是首次有人工智能专家将人工智能价值观与人类价值观等而论之。在李飞飞看来，"以人为中心的 AI"包含三大主旨：一是让人工智能更好地反映人类的深层智能；二是人工智能应帮助人类变得更强，而不是替代人类；三是确保人工智能在发展过程中对人类的影响得到正确的引导。

作为实证主义土壤中诞生的技术科学集大成者，人工智能是近代技术理性登峰造极的产物，但是人工智能具有一个与其他技术与众不同的特点：对技术发明者的反身性，如同人们认为认知科学可能会消解认识论一样，人工智能则有可能消解人类的创造性本质。[②] 多数面向人工智能领域的价值观研究方案思考的，大都是人类怎样将自己现有的价值观植入到智能机器。如果局限于自然人类的立足点，人类和智能机器的关系就会出现很多悖论情景，这就是李飞飞所强调的人工智能价值观的重要性所在，在人工智能发展日新月异的当下，人类需要超越自己具有特定历史局限的视角，才能进一步探索其内涵。

---

① Fei-Fei Li. How to Make A. I. That's Good for People. Nytimes. March 7，2018.
② 陈自富. 强人工智能和超级智能：技术合理性及其批判 [J]. 科学与管理，2016，36（5）：25 - 33.

本 章 小 结

　　哲学思想中的价值观理念，有着丰富的实践内涵与实际意义。正如法国哲学家吉尔·利波维茨基（Gilles Lipovetsky）指出：“一个社会不应局限于物质生产和经济交流。它不能脱离思想观念而存在。这些思想观念不是一种‘奢侈’，对它可有可无，而是集体生活自身的条件……没有价值体系，就没有可以再生的社会集体。”① 多样且不断变化的价值观是不同民族、阶级、社会集团在特定历史时期对社会问题不同看法和措施的体现。

　　价值观念的变革与科学技术的发展密切相关。历史上，牛顿力学的创立造就机械论的思维方式，英国哲学家、自由主义之父约翰·洛克（John Locke）由此得到启发，提出“人本位”观念代替“君本位”，彻底改变了当时人们对自身和社会价值的认知，其影响一直延续到英国宪政实施、启蒙运动和法国大革命。② 科学技术对精神文明的特殊社会功能、对政治格局强有力的影响、乃至对尖锐的政治如战争起到的决定性作用，印证了技术不仅能够赋能与赋权，而且其本身就构成一种权力的行使和对传统权力模式的替代。

　　价值观的引导作用将体现在不同国家及个人如何看待人工

① （法）吉尔·利波维茨基、（加）塞巴斯蒂安·夏尔. 超级现代时间［M］. 谢强，译. 北京：中国人民大学出版社. 2005：111.
② （英）洛克. 政府论（下）［M］. 瞿菊农，叶启芳，译. 北京：商务印书馆. 1964：14.

智能问题，而所有具体的政策制定又反映了一个社会在智能时代建构着怎样的价值观。尽管人工智能领域的技术更迭十分迅速，但其对任务进行系统化和自动化的核心思想并未改变。因此，研究者应当先从理论层面去研究问题，准确地剖析概念，明确价值诉求，最后尽可能地将它们转化为实际行动。研究者有义务思考如何将抽象的理论落实到实践当中，努力寻求使人工智能的发展更符合公众利益和人类公平所应该具有的价值目标。

第2章
人工智能发展带来价值观的重塑

从技术到产业： 人工智能的革命性变革

人工智能是一种通过机器来模拟人类认识能力的技术。这门技术涵盖许多专业领域，如机器学习、深度学习、知识推理、人机交互、大数据分析、模式识别、自然语言处理、大规模计算系统和分布式系统等等。从概念形成到技术落地，人工智能经历了 60 余年的探索。然而，有关人工智能的思想古已有之，可以追溯到哲学、虚构和想象。在古代传说中就可以找到复制人、机器人的思想源头。例如古希腊神话《阿尔戈船英雄记》（Argonautica）中的铜制机器人塔罗斯（Talos）；印度传说中阿阇世王（King Ajatasatru）派驻机器人武士守卫佛陀的遗物；中世纪出现了使用巫术或炼金术将意识赋予无生命物质的传说等。

人工智能的基本假设是人类的思考过程可以机械化。对于机械化推理的研究已有很长历史。其中著名的有亚里士多德

（对三段论逻辑进行了形式分析），欧几里得（其著作《几何原本》是形式推理的典范），花剌子密（代数学的先驱，"algorithm"一词由他的名字演变而来）。早在 13 世纪，计算理论先驱、哲学家拉蒙·柳利（Ramon Llull）就开发了一些"逻辑机"，试图通过逻辑方法获取知识。17 世纪，德意志数学家莱布尼兹（Leibnitz），英国理性主义传统奠基人托马斯·霍布斯（Thomas Hobbes）和法国数学家笛卡儿（René Descartes）尝试将理性的思考系统化为代数学或几何学那样的体系，这些哲学家已经开始明确提出形式符号系统的假设，而这一假设在后世成为人工智能研究的指导思想之一。

　　20 世纪，数理逻辑研究上的突破为人工智能奠定了坚实的基础。这方面的基础著作包括英国数学家乔治·布尔（George Boole）的《思维的定律》与德国逻辑学家戈特洛布·弗雷格弗雷格（Gottlob Frege）的《概念文字》。基于弗雷格的系统，罗素和怀特海（Alfred North Whitehead）在《数学原理》中对数学的基础给出了形式化描述。这一成就激励希尔伯特（David Hilbert）向 20 世纪 20 年代和 30 年代的数学家提出了一个基础性的难题："能否将所有的数学推理形式化？"这个问题的最终回答由哥德尔不完备定理、图灵机和阿隆佐·邱奇（Alonzo Church）的 λ 演算给出。他们，首先，证明了数理逻辑的局限性，其次，他们的工作隐含了任何形式的数学推理都能在这些限制之下机械化的可能性，这一点对人工智能极为重要。

　　20 世纪 40 年代是人工智能的萌芽期。1943 年，美国神经生理学家麦克·洛奇（W. McCulloch）和数理逻辑学家皮兹（W. Pitts）在《数学生物物理公报》上发表了关于神经网络的数学模型（M-P神经网络模型），通过总结神经元的一些基本生理特性，提出神经元形式化的数学描述和网络的结构方法，从此开创了神经计算的时代。1945年，美籍匈牙利数学家冯·诺依曼（John von Neumann）提出存储程序概念，1946年，第一台电子计算机ENIAC研制成功，它们都为人工智能的诞生奠定了物质基础。1948年，美国数学家香农（Claude E. Shannon）发表了划时代的论文《通讯的数学理论》，标志一门新学科——信息论的诞生。他认为人的心理活动可以用信息的形式来进行研究，并提出了描述心理活动的数学模型。1948年，美国应用数学家维纳（Norbert Wiener）创立了控制论，这是一门研究和模拟自动控制的生物和人工系统的学科，标志着人们根据动物心理和行为科学进行计算机模拟研究和分析的基础已经形成。

1956—1969年是人工智能的形成期。1956年夏季，约翰·麦卡锡（J. McCarthy）、马文·闵斯基（M. L. Minsky）等人在美国的达特茅斯学院围绕"如何用机器模拟人的智能"这一问题发起为期两个月的学术研讨会，提出"人工智能"这一术语，标志着这门学科的正式诞生。这一阶段，定理机器证明、问题求解、LISP语言、模式识别等关键领域均取得了重大突破。1956年，美国计算机科学家艾伦·纽厄尔（Allen Newel）和赫伯特·西蒙（Herbert Simon）建立了"逻辑理论家"程序，该程序可以模拟人们用数理逻辑证明定理时的思维规律，并证明了《数学原理》一书中第 2 章中的 38 条定理，后来经过改进，又于 1963 年证明了该章中的全部 52 条定理。这一工作受到了人们高度的评价，被认为是计算机模拟人的高级思维活动的一个重大成果，是人工智能的真正开端。

1956 年，机器学习之父亚瑟·塞缪尔（Arthur Samuel）研制出具有学习功能的跳棋程序，该程序能够从棋谱中学习，也能在实践中总结经验。它在 1959 年打败了塞缪尔本人，又在 1962 年打败了美国一个州的跳棋冠军。这是模拟人类学习过程的一次卓有成效的探索，是人工智能的一个重大突破。1958 年，约翰·麦卡锡（John McCarthy）研制出的表处理语言程序 LISP，不仅可以处理数据，而且可以方便地处理符号，成为人工智能程序设计语言的重要里程碑。时至今日，LISP 语言仍然是人工智能系统重要的程序设计语言和开发工具。1960 年，纽厄尔、西蒙和克里夫·肖（John Clifford Shaw）等人研制了通用问题求解程序 GPS，是对人们求解问题时的思维活动的总结。他们发现人们求解问题时的思维活动包括三个步骤：①首先想出大致的计划；②根据记忆中的公理、定理和解题计划，按计划实施解题过程；③在实施解题过程中，不断进行方法和目的的分析，修正计划。他们首次提出了启发式搜索的概念。

1968 年，美国计算机科学家爱德华·费根鲍姆（Edward A. Feigenbaum）等人研制成功了化学分析专家系统 DENDRAL，它的作用是分析质谱仪的光谱，帮助化学家判定物质的分子结构。

这被认为是专家系统的萌芽，是人工智能研究从一般思维探讨到专门知识应用的一次成功尝试。专家系统的出现意味着人工智能开始从主要仅限理论的研究走向实际的应用方面，但同时它的研究从一般思维走向了专门知识应用，亦即科学家的努力更形而下，更"弱人工智能"了。此时，因为机器学习的模型仍然是"人工"的，所以随着专家系统应用的不断深入，它自身存在的知识获取困难、推理能力弱、前期人工费用高昂等缺点也暴露出来，人工智能研究开始退潮。1974—1980 年，人工智能的不成熟和人们对先前巨额投资未能产生预期收益的失望，使其进入第一次低谷。

1981 年，日本向世界宣告要开始研发第五代计算机，引起美国、欧洲、苏联等国家和地区在 20 世纪 80 年代中期相继再次立项支持人工智能研究。1986 年，加拿大计算机科学家杰弗里·辛顿（Geoffrey Hinton）等人提出了反向传播算法，它是深度学习的基础理念。随着知识工程等机器学习方法的改进、机器学习开始采用决策树模型和多层人工神经网络等，人工智能进入第二次繁荣期。1987—1993 年，计算机性能已有了长足的进步，试图通过建立基于计算机的专家系统来解决问题，但是由于数据较少并且太局限于经验知识和规则，难以构筑有效的系统，资本和政府支持再次撤出，人工智能迎来第二次低谷。不过在这期间，人工智能的研发仍然在持续，网络技术特别是互联网技术的发展，促使人工智能进一步走向实用化。到 20 世纪末，人工智能领域再度春暖花开，其标志性事件是 1997 年国际商业机器公司（IBM）深蓝超级计算机大胜国际象棋世界冠军卡斯帕罗夫（Garry K. Kasparov）。

2006 年，在辛顿和他的学生的推动下，深度学习开始备受关注。随着各种机器学习算法的提出和应用，特别是深度学习技术的提高，人们希望机器能够通过大量数据分析，从而自动学习知识并实现智能化。这一时期随着计算机硬件水平的提升，大数据分析技术的发展，机器采集、存储、处理数据的水平有了大幅提高。从对实际应用的贡献来说，深度学习可能是机器学习领域最近十年来最成功的研究方向。2010 年以后，深度学习技术对知识的理解比之前浅层学习有了很大的进步，推动语音识别、图像识别和自然语言处理等技术取得了惊人突破，推动人工智能和人机交互大踏步前进。许多专用方向的人工智能能力已经超越人类，比如围棋、德州扑克，证明数学定理，学习从海量数据中自动构建知识，识别语音、面孔、指纹，驾驶汽车，处理海量文件等。深度学习带来了机器学习的一个新浪潮，受到从学术界到工业界的广泛重视，也导致了"大数据＋深度模型"时代的来临，进而迎来了人工智能新一轮的发展浪潮。

自第一次工业革命以来，技术创新一直是经济发展的根本推动力。人们在关注技术对经济长期增长作用的同时，也意识到并非所有的技术都具有同等的重要性，只有革命性的技术进步才能推动人类经济社会转型。自 18 世纪 60 年代起，人类经历的三次工业革命，分别以机械技术、电气技术和信息技术为核心驱动力。2016 年，世界经济论坛将人工智能定义为第四次工业革命的基石。[①] 2017 年，联合国在研究报告《新技术革命对劳动力市场和收入分配的影响》中指出，人工智能与蒸汽技术、电气技术一样，都是人类用于改造自然的通用目的技术 (General Purpose Technology，GPT)。[②] 每一次工业革命的高潮都以驱动它的核心技术进入工业大生产阶段，呈现出标准化、自动化、模块化的特征为标志。人工智能的发展史表明，前几轮人工智能发展浪潮都遭遇了技术瓶颈制约，导致商业化应用难以落地，最终重新陷入低潮。但是目前新一代人工智能已经具备很强的通用性，本轮人工智能浪潮的技术上限和商业化潜力都大大高于以往，这意味着其已经为进入工业大生产阶段做好了准备。

从宏观到微观： 人工智能对社会发展的冲击

2018 年，咨询公司麦肯锡发布报告指出，到 2030 年时，人工智能会在全球范围内创造近 130 亿美元的额外经济产值，占世界 GDP 增长的 1.2%。[③] 作为新一轮产业变革的核心驱动力，

---

① 吕文晶，陈劲，刘进. 第四次工业革命与人工智能创新 [J]. 高等工程教育研究，2018 (03)：63 - 70.

② 联合国. 腾讯研究院法律研究中心编译. 新技术革命对劳动力市场和收入分配的影响 [R/ OL]. http：//www. innovation4. cn/library/r20700

③ Bughin，J. et al (2018). Notes from the AI Frontier：Modeling the Impact of AI on the World Economy. https：//www. mckinsey.

人工智能正在对世界经济、社会进步和人类生活产生极其深刻的影响。随着物联网、大数据、云计算等技术与智能算法的深度融合，人工智能在各行业已经展现出广阔的应用前景。依靠物联网带来的海量传感信息，人工智能逐渐由计算智能向感知智能发展；依靠大数据提供的可供验证的基础，深度学习算法为计算机更好地模拟类人特性提供支撑；依靠云计算及超强芯片带来的超强计算能力，人工智能的发展拥有了较为坚实物理基础。

人工智能发展前景广阔，可用于改善消费、医疗、环境、安全和教育等领域，提升民生福祉。当前人工智能已步入全方位商业化阶段，并对传统行业各参与方产生不同程度的影响，改变了各行业的生态，对社会发展造成全面、立体的冲击。国际会计师事务所德勤公司《全球人工智能发展白皮书（2019版）》中指出，这种变革主要体现在三个层次。[①] 第一层是行业变革，人工智能带来的变革造成传统产业链上下游关系的根本性改变。人工智能的参与导致上游产品提供者类型增加，同时用户也可能会因为产品属性的变化而发生改变，由个人消费者转变为企业消费者，或者两者兼而有之。第二层是企业变革，人工智能参与企业管理流程与生产流程，企业数字化趋势日益明显，部分企业已实现了较为成熟的智慧化应用。这类企业已

---

① 德勤. 全球人工智能发展白皮书（2019 版）［R/OL］. 上海：德勤有限公司，2019https：// www2. deloitte. com/content/dam/Deloitte/cn/Documents/technology-media-telecommunications/ deloitte-cn-tmt-ai-report-zh-190919. pdf

能够通过各类技术手段对多维度的用户信息进行收集与利用，并向消费者提供具有针对性的产品与服务，同时通过对数据进行优化洞察发展趋势，满足消费者潜在需求。第三层是人力变革，人工智能等新技术的应用将提升信息利用效率，减少企业员工数量。此外，机器人的广泛应用将取代从事流程化工作的劳动力，导致技术与管理人员占比上升，企业人力结构发生变化。

当前人工智能正在嵌入社会和经济的关键领域，新一代人工智能的主要应用场景聚焦于具有一定需求规模和商业模式较为清晰可行的行业集合，以金融、医疗、教育等行业为例，在社会应用层面，人工智能的显著影响并非体现为取代现有劳动力和资本，而是为其赋能，使其得到更有效的利用。

在金融领域，围绕消费者行为和需求的不断变化，人工智能在一些服务领域逐渐取代人工客服。人工智能可以通过技术增强客户粘性，提供诸如基于大数据的精准营销和推送、定制化的产品和服务、更大范围的生态圈等服务。传统的金融服务行业正面临着各领域、各环节的重构。

在医疗领域，在人口老龄化、慢性病患者群体增加、优质医疗资源紧缺、公共医疗费用攀升的社会环境下，医疗人工智能的应用将极大简化当前繁琐的看病流程，并在优化资源、改善技术等多个方面为人类提供更好的解决方案。医疗人工智能已应用到医疗、医药、医保、医院这四大医疗产业链环节。

在教育领域，不同于传统的教育方式，智能化教育以学生在"教、学、练、评、测"五大环节所产生的数据为基础，利用图像识别、语音识别、人机对话、多模态行为分析、知识生成和表达、模拟智能体等技术，生成适合每个学生的个性化的解决方案和有效反馈意见。通过持续的数据采集、跟踪与重构，人工智能将大幅度提高学习效率，改变教育模式。

　　人工智能作为一种赋能的技术，将与传统行业不断融合，进而更好地提升后者的信息化、数字化、智能化水平，促进行业转型升级。但与此同时，在成为世界各国竞相战略布局的新高地的过程中，人工智能的广泛应用也给人类社会带来法律法规、道德伦理、社会治理等方面一系列的新挑战，需要引起高度重视。欧洲认知系统协会主席文森特·穆勒（Vincent C. Müller）认为，对待人工智能的风险问题，应该保持一种谨慎心态，"如果人工系统的智能超过人类，那么人类将会面临风险"；反思人工智能风险之目的就是要"确保人工智能系统对人类有益"。他指出："以前关注的是与认知科学相关的人工智能哲学和理论方面的问题。而现在越来越多的关注点集中在风险和伦理问题上。"[①]

　　人工智能正在经历从量变到质变的关键转折点，下一步将会越来越多地显示出智慧的特征，最终渗透和影响每一个人的生活。未来，人工智能很可能变成一把万能钥匙，能够释放人类技术和工具的潜能，但也必将给人类带来前所未有的挑战。

---

① Vincent C. Müller, Risks of Artificial Intelligence, University of Oxford, UK and American College of Thessaloniki/Anatolia College, 2016, p. 92, p. 2, p. 180, pp. 267 – 268, p. 273.

人工智能会在哪些方面对社会发展带来什么样的冲击？
2017 年，在加利福尼亚州阿西洛马举行的 Beneficial AI 会议上，
特斯拉 CEO 埃隆·马斯克（Elon Musk）、DeepMind 创始人戴
米斯·哈萨比斯（Demis Hassabis）以及近千名人工智能和机器
人领域的专家，联合签署了"阿西洛马人工智能 23 条原则"
（Asilomar AI Principles），旨在呼吁全世界在发展人工智能的同
时严格遵守这些原则，共同保障人类未来的伦理、利益和安全。
阿西洛马人工智能原则是近年来最具影响力的人工智能原则之
一，较为全面地概括了人工智能可能引发的社会问题（见图 2-
1）。三大类主要问题是：科研问题、伦理价值和长期问题，每一
类问题又细分出若干小问题。①

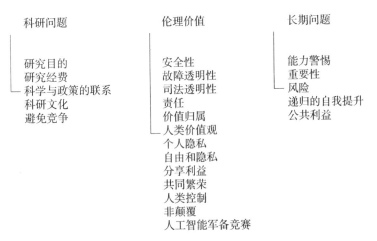

图 2-1 阿西洛马人工智能原则所提出的问题

① 阿西洛马人工智能原则——马斯克、戴米斯·哈萨比斯等确认的 23 个原则，将使 AI 更安全
  和道德 [J]. 智能机器人，2017，1：20-21.

可以看出，赶超人类智力的自动系统介入社会各个领域的发展，体现了人工智能与人类文明的密切联系。一方面，人工智能的发展促进了社会生产方式和治理方式的改变，另一方面，社会发展面临的新问题又反向要求人工智能本身的技术限制或者升级。人工智能在个人、社会和国家层面都可能引发许多值得深思的伦理、人权和法律问题。

例如，当传感器和人工智能无处不在时，企业得以在人们使用数字设备和往返于公共与私人空间时不间断地收集个人信息。在某些特定场合，如医院、酒店，采集私人信息原本极为敏感，但图像识别、语音识别等技术却降低了泄露隐私的门槛。一系列问题随之而来：谁拥有个人数据？数据应以何种方式共享？面对日趋严峻的网络安全攻击又该如何保护数据？

又如，人工智能可能在决策过程中产生无意识的歧视。由于现实世界存在着各种形式的种族歧视、性别歧视和偏见，输入算法中的数据也可能附带这些特征。而当机器学习算法学习了这些带有偏见的训练数据，也就"继承"了偏见。联合国在收集了大量强有力的证据后得出结论，人工智能在一定程度上加剧了全球不平等现象，并使小部分人从中获益。①

最后，基于人工智能的自动化将造成劳动力市场分化，技术不发达的发展中国家在这一波发展浪潮中也将落于下风，国家间的"数字鸿沟"进一步扩大。一些国家原本期待快速增长

① 联合国. 偏见、种族主义和谎言：直面人工智能负面后果［OL］. https：//news. un. org/zh/story/2021/01/1075032.

的人口能够推动劳动力密集型经济的发展，但如果大量人力工作被机器取代，甚至可能出现新的社会动荡。

从局部到整体：人工智能与价值观体系的重塑

以色列历史学家赫拉利（Yuval N. Harari）描述了人工智能发展的三个不同阶段：弱人工智能、强人工智能和超人工智能。①他预测，超人工智能阶段将在 21 世纪 40—60 年代出现，整个社会裂变为两大阶层，大部分人属于"无用阶层"，极少一部分人是社会精英阶层。建立在生物科学、信息技术、大数据技术快速发展基础上的人工智能有可能导致智能社会的出现，在智能社会中，机器智能递归式自我改善能力的获得可能导致最终的"智能爆炸"。在未来，人类整体将具有价值，但个体将没有价值，系统将在一些个体身上发现价值，但他们也许会成为一个超人的新物种。

未来社会是否将在多重维度上重塑价值观体系？首先，随着人工智能的广泛应用，人类社会短期内将无法避免两大灾难性的冲击：持续性失业与不断加剧的贫富差距。如前文所列举的金融、医疗、教育等行业发生颠覆性变革的实例，人工智能的大规模使用正在使传统产业的面貌发生根本性的改变。对当代人来说，与人类智能对等的同类的存在不再是科学幻想，而是

---

① 尤瓦尔·赫拉利. 未来简史［M］. 林俊宏，译. 北京：中信出版集团，2017，2（第 1 版）：352 - 353.

现代的科学理论和技术努力的一个方向，并且这种努力将造成人的劳动被大规模、普遍性地取代，这种设想越来越趋近现实。在这样的背景下，此前一切有关人性和理性的理论都要予以重新的审视，从头理解和认识其他可能的理智能力。更进一步地，人工智能的普及对马克思主义劳动价值论带来挑战。劳动价值论是马克思经济学的基石之一，马克思站在劳动者的立场上，提出"商品价值体现的是人类本身"等观点。当人工智能大规模应用时，劳动的主体明显更替；尽管人工智能及其设备也是人的劳动创造，但是，当"无人工厂""无人超市""无人餐厅"等"无人产业"大量出现时，我们显然需要从根本上对劳动价值论重新进行深入研究与阐释。

　　其次，人工智能的政策制定、研发规划、应用实施等阶段都不可避免地反映了相关主体的价值观。一方面，数据的采集与智能算法的应用并非完全客观和无偏见，在人工智能与智能自动系统的数据选取、算法操作和认知决策中，相关主体的利益与价值因素不可避免地渗透于对特定问题的定义及对相应解决方案的选择和接受之中，它们既可能体现技术设计者与执行者的利益考量和价值取向，也会影响到更多利害相关者的利益分配及价值实现。① 当机器具有多个可学习的部分时，学习算法就存在责任局部化的问题。更复杂的学习机器不仅能修改自己的行为方式，还能自行修改评价体系，此时机器也要处理价值

① 段伟文. 人工智能时代的价值审度与伦理调适［J］. 中国人民大学学报，2017，31（06）：98 - 108.

观问题。多台这样的机器以非集权的分布方式进行合作时，就需要处理群体中个体间的评价，即广义的伦理问题。

例如，美国将理解并解决人工智能的伦理、法律和社会影响作为《国家人工智能研发战略规划》八大战略之一，要求将如何表示和"编码"人类价值和信仰体系作为重要课题研究，建立符合伦理的人工智能，制定可接受的道德参考框架，实现符合道德、法律和社会目标的人工智能系统的整体设计。2020年1月，新美国安全中心（Center for A New American Security）的报告《美国人工智能世纪：行动蓝图》中明确提到：尽管人工智能可以在社会中为人们带来不可思议的好处，但它也使未来的恶意用途成为可能，例如对民主国家发动复杂的影响力攻击。美国必须确保其在人工智能方面处于领先地位，并以符合民主价值观和尊重人权的方式塑造全球使用规范。本报告建议采取具体行动，以确保美国继续保持人工智能的领先地位，促进符合美国利益和价值观的标准的发展，并预测和应对安全挑战。

英国下议院2016年发布《机器人技术和人工智能》报告，指出英国应规范机器人技术与人工智能系统的发展。2018年1月发布的《数据宪章》指出，应确保数据以安全和符合伦理的方式使用。2018年4月《英国发展人工智能的计划、意愿和能力》报告提出了关于人工智能准则的五条总体原则，阐明了政府需要考虑的策略性问题。

欧盟委员会在《欧盟人工智能》中提出，研究和制定人工智能新的伦理准则，以解决公平、安全和透明等问题，捍卫欧洲价值观。欧洲科学与新技术伦理小组在《关于人工智能、机器人及"自主"系统的声明》中，提出了一套人工智能发展的基本伦理原则。2018 年，欧盟成立了人工智能高级别专家组，2019 年 4 月，专家组发布《人工智能伦理准则》，提出建设以人为本的人工智能，列出了可信赖的人工智能系统应满足的 7 个关键要求。2020 年 2 月，欧盟委员会发布《人工智能白皮书：通往卓越与信任的欧洲之路》，认为面对人工智能带来的机遇和挑战，欧洲需要建立卓越且可信任的人工智能生态系统。为实现"卓越"目标，应向世界输出欧洲人工智能价值观与规则，推动公共部门应用人工智能。向世界推广欧盟的人工智能价值观有利于欧洲实现全球人工智能领导地位，因此欧盟的国际合作必须建立在自身价值观和人工智能规则的基础上。

另一方面，合成智能和人造劳动等人工智能应用一般是通过人机协同来实现的，相关主体的价值选择必然渗透其中。通过机器学习和智能算法对数据进行洞察之类的应用人工智能不仅是各种计算与智能技术的集成，还必须将人的判断和智能融入其中。要把握数据所反映的事实及其意义，必须借助人的观察和理解进行标注。随着人工智能的发展和突破，计算机能否处理"价值观问题"将不再是区别人与机器的决定性标准，一旦机器智能从整体上超越人类，我们必然面临人本位的价值观与机器本位价值观的重大冲突。

例如，在就业方面，美国政府非常重视人工智能对就业带来的影响，2017 年美国众议院发布《人工智能创新团队法案》，

2018 年发布《人工智能就业法案》，提出美国应营造终身学习和技能培训环境，以应对人工智能对就业带来的挑战。在行业发展方面，如美国众议院于 2017 年通过了《自动驾驶法案》、美国交通部于 2018 年发布《准备迎接未来交通：自动驾驶汽车 3.0》、美国卫生与公众服务部发布《数据共享宣言》等，规范和管理自动驾驶汽车设计、生产、测试等环节，确保用户隐私与安全。

最后，人工智能的发展会不会与人的存在价值发生深层次的难以调和的本质性冲突？人们的不同价值观通常是个体在社会化过程中通过教育、强化以及观察学习等方式将社会价值逐步内化而形成的。人类对于未来社会的担忧，首先源于未来强人工智能可能具备远远超出人类的计算能力，人类设计的计算机反而成为算计自己的工具，这将成为一个关系人类命运的重要问题；其次源于广义人工智能会获得感知能力。广义人工智能与狭义人工智能的本质区别之一就是在于人造智能体是否能够为自己设定宏大的目标。"感知机器"的出现可能会让人类变得毫无用处，或者杀死我们。贝宝公司（PayPal）的联合创始人彼得·蒂尔（Peter Thiel）的观点也许能够反映出人类对于人工智能担忧的根本原因。他认为："我们难以描述广义人工智能以何种形式出现，在某种意义上，人工智能问题涵盖了人们对计算机时代的所有希望与恐惧，当被逼到这些极限时，人的直觉就会崩塌，因为我们在这个星球上从没有遇到过比人更聪明的东西。"著名的人工智能研究者埃利泽·尤德考斯基（Eliezer

Yudkowsky）预测分析："人工智能不必控制整个网络，它不需要无人机，它之所以危险，不是因为它有枪，而是因为它比我们聪明。假设它可以从 DNA 信息中预测蛋白质结构，那它只需要向合成自定义蛋白质的实验室发几封电子邮件，很快它就会拥有自己的分子机器，然后制造出更精密的分子机器。我无法准确预测我们会如何输给人工智能，因为人工智能比我聪明。"

计算机技术的加速发展推动了机器人、机器感知以及机器学习领域的进步，这些成果让新一代系统可以匹敌甚至超越人类的能力。这样的发展趋势有可能会开辟出一个前所未有的繁荣而安逸的新时代，但是其转换过程是不可预知的。一旦人工智能掌握了人类无法理解和掌控的海量数据后，它们就可以在转瞬间造成人类无法想象的灾难，例如关闭电网、使交通系统瘫痪等。正如诺伯特·维纳（Norbert Wiener）所提醒的那样："新工业革命是一把双刃剑，它可以用来为人类造福，但是，仅当人类生存的时间足够长时，我们才有可能进入这个为人类造福的时期。新工业革命也可以毁灭人类，如果我们不去理智地利用它，它就有可能很快地发展到这个地步。"①

本 章 小 结

纵观人工智能发展的历程，社会应用的繁荣时期也是人工

---

① 诺伯特·维纳. 人有人的用处——控制论与社会 [M]. 陈步，译. 北京：商务印书馆，1978：143.

智能发展迅猛的阶段，而当社会应用的数据积累远远落后于算法的发展时，又是人工智能停滞的阶段。目前，人工智能在各行业已经展现出广阔的应用前景，不仅能带来生产效率的提升，还会催生新的产品与模式，推动整个产业链的重构。因此，人工智能为人类价值观体系的重塑提供了新的技术支撑，必然对社会发展带来不可抗拒的冲击和风险。工业革命经历了从欧洲、逐渐扩展到北美、东亚等地区的缓慢过程，但是在新全球化、新工业革命交织下的人工智能风险既具有地域特色，又具有全球特征，具有跨界性，超越了自然地理和社会文化边界，在技术上塑造着人类命运共同体。①

伴随技术的成熟与应用场景的铺开，人工智能正加速渗透到人们生产生活的方方面面。这样的现实与人的存在价值的冲突日益凸显：人的存在的价值是不是应该完全用其能否适应智能机器来衡量？人工智能对普通劳动乃至专业技术劳动的冲击，会不会在范围、规模、深度和力度上引发前所未有的全局性危机？对此，德国技术哲学家京特·安德斯（Gunther Anders）指出，虽然人们一再强调"创造是人的天性"，但当人们面对其创造物时，却越来越有一种自愧不如与自惭形秽的羞愧，这种羞愧是技术发展和人的本质之间产生的落差所引起的，堪称"普罗米修斯的羞愧"。在普罗米修斯的羞愧中，人也同样把他所制造出来的东西高高地置于自己的价值之上，他赋予产品一

---

① 张成岗. 人工智能时代：技术发展、风险挑战与秩序重构［J］. 南京社会科学，2018（05）：42-52.

种远远高于自身的存在价值。在人工智能面前，这种"创造与被创造关系的倒置"使人成了过时的人。①

　　人工智能带来的价值体系的重塑并不会在短期内实现，而是需要长时间的认知过程和技术发展过程。随着人类对智能机器的依赖程度不断加深，直面数据挖掘、机器学习与智能推荐的技术进步，追寻算法中人本价值观与技术创新观的适度张力，强调工具理性与价值理性的平衡，是探讨人工智能发展对价值观的影响时所应秉承的理念。

---

① （德）京特·安德斯（Gunther Anders）. 过时的人（第 1 卷）：论第二次工业革命时期人的灵魂 [M]. 上海：上海译文出版社. 2010：61.

第 3 章

人工智能与美国价值观

美国既是人工智能的重要开创地之一，也是二十世纪以来价值观输出最为积极的国家。在世人印象中，美国的形象往往与平等、安全、自由等价值追求相联系，这当中既有真实的历史因素，也带有二战、冷战时期国家形象营销工程的余韵。自由主义价值观，在美国建国初期就以《权利法案》的形式被法典化，其中包含了一部分美国建国者对国家反对欧洲列强的期许——个体的自由唯有建立在田园经济自给自足的基础上，才能免于重蹈欧洲发展模式的覆辙。杰斐逊主义者提出的出路是抗拒国家制度设计中任何中枢化的倾向，这当中既包括人口密集式的城市工业形态，也包括权力集中于联邦政府的行政模式。但同时，以联邦党人为代表的政治人士则偏好发达的金融体系和工业制造，并不介意联邦政府获得强势的地位，他们甚至强调中央控制的重要性。

控制文化是美国价值体系中一条一以贯之的伏线。历史学家詹姆斯·贝尼杰（James Beniger）指出，自西方进入蒸汽时代以来，工具在速度、效能和复杂度上的质的提升迫使人们采集更多信息对其加以控制。这种文化传统在 19 世纪 40 年代到 20 世纪 20 年代间成长稳健，电报、邮票、统一的纸币、打字机、打卡机、广播等一系列信息手段在西方兴起，帮助社会协调管理各种新生的产业与观念。贝尼杰将这一时期信息处理手段的变革称为"控制革命"。① 在美国，控制文化在南北战争结束之后占据上风，这源自市场统一后大型企业扩张版图的现实需要；二战之后，自由主义在冷战舆论中赢得上风。尽管其内涵早已不复 18 世纪的田园精神，但其作为美国内政外交的文化符号，自由主义生命力旺盛，并延续至今。控制文化与自由主义之间的动态平衡构成了美国价值观的基础。

今天，人工智能对美国社会价值观的影响仍然沿着这两条线索发生，控制文化在技术层面的二次发育使其与自由主义的关系更为复杂。一方面，人工智能算法将社会不公客体化，使之成为可以深入批判和纠错的技术对象，有助于美国社会在自省自觉的语境下改善种族歧视和性别歧视等积弊，促进人的自由解放；另一方面，人工智能激励个人数据的商品化和中枢化，强化了少数科技公司的寡头地位，成为了科技商业领域"马太效应"的催化剂。人工智能在非商业领域的应用对美国宪法第二、第四修正案中对私权的保护形成冲击，也在潜移默化中改变美国民众的安全观念及其对国与民之间权力关系的认知。

---

① Beniger J R. The Control Revolution: Technological and Economic Origins of the Information Society [M]. Cambridge: Harvard University Press, 1989.

人工智能正在重新塑造美国平等、安全、自由等价值观念，它不仅拓展了它们的内涵，还在新的科技语境下，积极改写它们所能达到的完善程度。同时，人工智能的广泛应用和日益常态化的错用与争议，促使社会对人工智能的公开性和道德性提出要求。那些看似显而易见和一成不变的传统价值观，在技术革命大潮的冲击之下，也不得不被新的内涵所改写。

被公开的不平等： 算法歧视与技术出路

1776 年，在杰斐逊主导起草的《独立宣言》里，新生的美利坚合众国喊出了"众生平等"的口号。当然，18 世纪晚期的"众生"里，既不包括奴隶，也不包括女人。美国 19、20 世纪的平权运动史，就是在不断变化的经济基础之上，将当初"掉队"的社会成员纳入到平等的价值观中来。从 1862 年林肯的《解放黑奴宣言》行政令，到 1965 年约翰逊治下的《投票权法案》，以奴隶身份来到新大陆的非裔美国人终于拥有了与白人同等的参政权；从 1878 年引入到 1920 年正式通过，第十九修正案终结了女性没有投票权的局面。虽然美国社会对平等的追求在法理上一步一个脚印，但是在现实社会中，歧视和不平等仍然在以人们不可察觉的方式存在着，甚至可以说是无处不在。当人工智能作为一种高效的工具被各种建制机构所采用后，社会当中潜伏着的不平等就会以"科技失灵"的面貌浮现出来。

继承了种族与性别歧视的算法

　　这当中最关键，也是政治上最敏感的，就是司法制度中的不平等。美国司法系统中，从保释金的数额，到决定是否可以采用社区服务来代替收监服刑，再到刑期长短，在每一个环节都会对犯人进行打分，这个最终的"风险评估"分值至关重要。在亚利桑那、弗吉尼亚、威斯康星等九个州，这个分数会呈报给法官，作为宣判的重要参考依据。如今，风险评估的评分流程越来越依靠计算机算法来生成，这也引发了人们对机器涉嫌种族歧视的担忧。2014 年，奥巴马政府的司法部长霍尔德（Eric Holder）指出司法系统有必要对"风险评估"本身进行评估，他认为尽管评分这一做法初衷是好的，但很有可能不经意地侵害公正平等，使美国司法体系中本就已经普遍存在的区别对待更为恶化。

　　风险评估在美国司法系统由来已久，一直到 20 世纪 70 年代，种族、国籍、肤色深浅都被公然用于预测罪犯二度犯罪的几率，后来因为遭到民意反对才被搁置。但是 20 世纪 80 年代美国经历犯罪潮，监狱人口大幅攀升使司法系统承压，预测犯罪风险的数据工具再次受到青睐。21 世纪起，私营科技公司开始为司法系统打造此类工具，以求为司法程序提供便捷可靠的数字依据，从而减少入狱人数，缓解监狱的人口压力。以弗吉尼亚州为例，2002 年起该州在全州范围内开始对非暴力重罪犯进行风险评估。2005—2015 年间，弗州监狱人口的增长从 1995 年的 31％下降至 5％；2014 年间，近半数的罪犯被指派在监狱之外进行改造，风险评估的数字工具显然是有效的。

　　然而，新闻调查组织 ProPublica 追踪了佛罗里达州布罗瓦德郡 2013—2014 年间的 7 000 个案例，得出了耐人寻味的结论。调查发现，该郡采用的风险评估算法极不可靠。被评定为会发生暴力犯罪的人中，只有 20％的人在此后两年内发生了再犯；如果把所有的犯罪种类都算在内，包括持过期驾照驾驶等，那么再犯概率是 61％，和常识中再犯概率对半开的看法相差无几，这说明数字工具并未能得出显著优于常识的判断。此外，算法对不同种族区别对待的现象也很严重，黑人被错误标记为大概率再犯者的可能性两倍于白人。即便将前科这一要素剔除，该算法仍然认定：相较于白人，黑人再次暴力犯罪的概率要高 77％。[①] 对此，该数据工具的制造商 Northpointe 公开出面，否认它们的产品存在种族歧视的倾向，他们指出这一算法的核心数据由 137 个问题构成，这些问题要么靠问询被告人得出（例如，你是否在校期间与人打架），要么靠官方档案获得（例如，你的父母中是否有人曾经坐牢），被告的种族并不在提问之列，更没有被纳入计算中。[②]

　　要说 Northpointe 没有直接将种族作为评估再犯风险的变量

① Larason J，Mattu S，Krichner L，Angwin J. How We Analyzed the COMPAS Recidivism Algorithm［EB/OL］. ProPublica（2016－05－23）　　［2020－09－07］. https：//www. propublica. org/article/how-wevanalyzed-the-compas-recidivism-algorithm.

② Angwin J，Larson J，Mattu s，Krichner L. Machine Bias［EB/OL］. ProPublica（2016－05－23）［2020－09－07］. https：//www. propublica. org/article/machine-bias-risk-assessments-in-criminal-sentencing

之一，也不是完全不可信，但是他们所考量的因素中，有不少与被告的种族身份密切相关，例如房产权、就业、教育状况、收入水平等等。黑人在美国长期受到不公正的政治待遇，经济生活起点低，在一切以所谓自由市场为原则的美国社会，他们在资源占有方面全面落后于白人。换言之，无房、无业、无学历、低收入的人群中，本就黑人居多，当这些客观上提升再犯风险的因素被纳入计算中时，黑色人种自然会受到来自机器的"歧视"。有鉴于此，不少有多年从业经历的法官会倾向于不采信风险评估工具对被告犯罪概率的预测，而更倾向于发自于"人"的判断，将风险评估仅仅作为参考之一。人工智能并不是这一问题的制造者，但是它忠实地延续了这些问题，将它们呈现在人们面前，引发了强烈的道德不适。

　　性别平等问题同样不能免于沉重的历史包袱的影响。2014年，电商科技巨头亚马逊开发了一套人力资源管理系统，用人工智能对海量求职简历进行辨识、分析和筛选。正如顾客在线上给亚马逊的商品打分评级一样，该算法会给求职者打星，一星到五星不等。亚马逊曾经将这一智能系统视为人力资源领域的"圣杯"，对其寄予厚望，认为有了这套系统之后，招聘工作或许可以完全由机器代劳，只需要将一百份简历"丢过去"，机器就能选择最好的五位候选人，然后公司直接录用即可。

　　然而，这套系统在仅仅使用一年之后就出现了问题。由于基础数据取自亚马逊过去十年的员工资料，该算法分析归纳后得出了一个结论：相比起女性，男性是更为可靠的员工。这其实并不令人意外，因为硅谷的产业生态和人员构成原本就是男性主导的，人工智能自然会认为不选取女性求职者是有原因的。机器的计算不需要知道理由，只需要知道输出必须与此前的结果尽量保持一致，人类就会满意了。于是乎，这一系统在筛查关键词时，会对"女篮队"和"女性国际象棋俱乐部"等字眼做出惩罚性处置，对毕业于传统女校的求职者也会进行降级处理。亚马逊试图修复算法中存在的问题，毕竟这关乎整个公司的社会声誉，但是却始终不能彻底解决，最终不得不在 2018 年彻底放弃这套系统。亚马逊宣布，过去几年间，人力资源部门从未真的遵照这套智能系统的建议做出任何决定。① 需要再次强调的是，人工智能并非价值观的制造者，它是偏见的继承者。美国人均收入中本就存在性别歧视的问题，宾州州立大学的一项研究发现，美国年收入达五万美元的女性数量只有男性人数的三分之一。② 如果人工智能建立在这样的数据基础上，当然会学习形成不利于女性求职者的判断。

亚马逊早年的"翻车"没有阻挡人工智能在求职领域的应用。2018 年，IBM 公司为了调查高科技行业的人力资源宏观情况，与牛津大学经济系合作采访了 2 139 名人力资源主管和

① Short E. It turns out Amazon's AI hiring tool discriminated against women [EB/OL]. Siliconrepublic (2018 - 10 - 11) [2020 - 09 - 12]. https：//www. siliconrepublic. com/careers/amazon-ai-hiring-tool-women-discrimination.
② Penn State News. Using artificial intelligence to detect discrimination [EB/OL]. (2019 - 07 - 11) [2020 - 09 - 23]. https：//news. psu. edu/story/580213/2019/07/11/research/using-artificial-intelligence-detect-discrimination.

12 000 余名公司骨干。他们发现，虽然企业理论上是看重合作精神、服从精神等"软能力"的，但是面对海量的求职资料，往往花在每一份材料上的时间也不过是 6 秒钟，到头来还是只把"硬实力"匆匆看上一眼。[①] 也是在这样的背景之下，越来越多的科技企业开始在招募时采用人工智能作为辅助。根据求职平台领英（LinkedIn）2018 年的调查，在 9 000 名人力资源从业者中，76% 的从业者坦陈人工智能在他们未来几年的工作中将占有一席之地。但他们也都指出，人工智能虽然能在考察"硬能力"上节约精力时间，但是仍然不能完全取代人的作用，因为用人单位对职业技能的多元性和求职人的多元性有要求，人工智能很难对这类内容加以辨识。如何衡量这些才能，如何做出尽可能公平的选择，这是人工智能在求职领域面临的难题。[②]

　　无论是对再度犯罪的风险评估，还是对纳贤用人的机器筛选，都是美国价值观中具有控制性一面的展现，它体现了用定量的方式对人进行解析和评价的意图。这种做法绝非诞生于人工智能兴起后的时代，可以说自美国建国伊始便形影相随。以种族问题为例，稻米和棉花经济是劳动密集型产业，欧洲移民供不应求，故而按照市场需要定量引入黑奴。奴隶制剥夺黑奴的社会属性，将其作为商品交易和保有，这是对劳动者的标准

---

① Short E. 3 surprising revelations from IBM's latest HR study［EB/OL］. Siliconrepublic（2018 - 10 - 02）［2020 - 09 - 12］. https：//www. siliconrepublic. com/careers/ibm-hr-study.

② Short E. Diversity deemed top trend shaping the future of recruitment［EB/OL］. Siliconrepublic（2018 - 01 - 22）　［2020 - 09 - 15］. https：//www. siliconrepublic. com/careers/diversity-recruitment-hiring-linkedin.

化、数字化认知。20世纪初，女性投票权运动风起云涌同样离不开这种价值观念。19世纪末美国第一代工业富豪们的遗孀依靠婚姻关系成为有产者，必然要对政治权利有所追求。可见无论是性别平等，还是种族平等，都是特定经济、科技背景下的产物。人工智能的失误与美国平等价值观之间的矛盾，并不是前所未见的新事物，而是之前就存有缺陷的平等价值观所带来的遗留问题，在新的科技语境下暴露了出来而已。

脸书式"终极透明"的伦理困境

尽管目前的人工智能并未超越人的智能，但它已经忠实反映了人类智能中可能存在的问题，倒是给了人们正视问题、健全发展的契机。算法的运行和输出具有即时性，其数据来源可回溯、可分析，并可以通过模拟来推算、评估实际效果，这就将平等这一价值观的前因与后果压缩到了同一时空，一定程度上突破了弱势人群社会地位的历史变迁难以追溯以至于用人、选人只能考虑机会平等的局限性。此外，算法不像潜意识里的价值观，后者的影响往往不被决策者所承认或察觉，算法可以在结果出现偏差时，随时停用加以修正，加之机器没有申辩的能力，这就使得人工智能提高了人们对公平这一价值观"纯度"的追求。

目前，人工智能在司法系统和求职市场应用引发的争议，已经产生了一定的积极意义。咨询公司高德纳（Gartner）针对求职歧视问题的报告中就提出，如果不向机器人提供那些个体生理、文化属性，例如年龄、残疾、种族、性别、性取向、宗教等，就可以有效地杜绝刻板化印象导致的歧视，而更多的把关注放在职业技能上。① 亚马逊招聘算法中的性别歧视，很可能是数据本身的不完备和标记方法的不准确所导致的，囊括更多数据，在标记重点内容时，先行避开带有倾向性的价值判断，这些都能有效控制人工智能对既有偏见的放大作用。

　　不过，在现实生活中，即便初衷是善意的公司有意要公布算法，也会因为技术考量和商业秘密等原因受阻。以脸书（Facebook）为例，过去在现实生活中，当遇到呈现出自杀倾向的个体时，我们自然愿意出手相助，推断的依据无非是低迷的情绪或者异常的言行。然而，也有人在生活中举止寻常，但是在线上却已经积累了长期的抑郁表达。当社交媒体平台成为人们倾倒私隐的树洞，那么社交媒体就能通过人工智能比人更快、更准确地判断自杀倾向。脸书的研究者不但分析了与自杀倾向相伴出现的语言、词汇和表情包，甚至还对此前已经自杀的脸书用户的生前信息进行了回顾性分析，以便对相似的情况做出预测。2017 年 11 月，脸书宣布开始应用这项新的人工智能，当有用户呈现出自杀倾向时，人工智能将向工作人员发出警报，这些人类员工将会对用户进行"健康状况检查"（wellness checks），并对其自我伤害的行为加以干预。但当被问起算法的

① Stewart D. Control Bias and Eliminate Blind Spots in Machine Learning and Artificial Intelligence [EB/OL]. Gartner Research（2018 - 09 - 13）　[2020 - 10 - 01]. https：//www. gartner. com/en/documents/3889586.

细节时，该项产品副经理罗森（Guy Rosen）却对此讳莫如深，只说可以从情绪低潮的常见时间、亲友的关切评论和脸书用户留言中的文字内容进行推测分析，但拒绝讨论算法本身。同时，脸书又不断强调他们正与传统的自杀自残预防组织之间密切合作，试图靠线下的成果说话。

　　实际操作中，脸书的系统可能存在各种问题。例如，人工智能可能错误标记用户，但用户却无从知晓，也无从向系统反映报错；当被标记的用户受到"你现在可能格外需要帮助，请向我们求助"这样的讯息时，他本身也未必知道他已经被列入监控范畴，监控他的不是机器和平台，而是活生生的脸书工作人员。此外，这一算法也可以被别有用心之徒用作伤害他人的武器，针对精神状态不佳的网民进行骚扰和歧视。值得注意的是，即便是脸书的官方合作伙伴"危机短信热线"（Crisis Text Line，CTL），他们也不知道脸书已经在后台研发了这样一套系统。尽管 CTL 方面表示，他们也已经在用算法预测用户向他们发送的消息中可能包含的自杀倾向（例如"易布洛芬"一词就预示着陡增的自杀风险），但是脸书面对合作伙伴也保持神秘，又同时在如此海量的用户人口中尝试人工智能，总是让人留有疑虑的。①

　　脸书以人工智能做挡箭牌的做法远不止一例。2018 年春，

---

① Ruiz R. Facebook's AI suicide prevention tool can save lives, but the company won't say how it works [EB/OL]. Mashable (2017 - 11 - 29) [2020 - 04 - 12]. https://mashable.com/2017/11/28/facebook-ai-suicide-prevention-tools/.

脸书深陷境外势力渗透其平台，干涉美国选举的丑闻，CEO 扎克伯格（Mark Zuckerberg）在国会听证中提到人工智能数十次，将许多说不清道不明的技术问题和伦理问题，一股脑儿都甩给了人工智能。2016 年总统大选将美国社会中长期存在的社会矛盾快速激化，而脸书等社交媒体的迅速成长为外部势力进入提供了快车道。选举的余波并未随着新总统的诞生而终结，脸书的管理失当成为了经久不衰的热点话题——虚假账号、种族歧视言论、恐怖主义宣传内容、水军、所谓来自俄罗斯的干涉、隐私安全……面对这些问题，扎克伯格一律以人工智能搪塞。诚然，人工智能确实具备了搜索关键词并分析内容的能力，能够一定程度上缓解网络信息空间的混乱，但是自然语言处理的发展仍很不足，尤其是对"假新闻"的判断，这更牵涉到判断主体的价值观念。对于自己的判断方式，脸书并不愿多说。科技媒体 The Verge 在评价扎克伯格在国会的表现时说：对着一群年长的外行人频繁使用人工智能一词，其实就是在逃避问题。当被密歇根参议员皮特斯（Gary Peters）问到人工智能算法的透明度时，扎克伯格只说"这是一个非常重要的问题"，脸书对此非常重视，并有专门团队负责，但却丝毫未透露将其算法公诸于世的意愿。①

　　针对脸书，有人批评道：尽管脸书时常论及政府和企业的透

---

① Hollister S. Apple is now building the chip it needs to ditch Qualcomm like it ditched Intel［EB/OL］. The Verge（2020 - 12 - 10）［2020 - 12 - 28］. https：//www. theverge. com/2020/12/10/22168779/apple-leak-cellular-modem-johny-srouji-town-hall.

明度，但它真正想要推进的是个人的透明度，就是所谓的"彻底透明"或"终极透明"。① 脸书采用诱导式、家长式方法将你引向你可能感兴趣的内容与人，让你找到你政治上的同好与同盟，形成自得其乐的线上回音室，不断向用户提供正向反馈，增强政治参与的兴奋感。然而，这一做法的缺陷已经在剑桥分析公司（Cambridge Analytica）一案中彻底暴露——当这些数据以层层外包的方式贩售出去，一旦中途落入别有用心之人手里，它不但可以被用于干涉美国内政，更可能构成对公民权益的普遍威胁。在剑桥分析公司一案中，脸书平台的数据在倒手中被售卖、侵犯和滥用，脸书却无知无觉，也无可奈何。足以见得，当"公开"原则应用于脸书这样规模的社交媒体时，除了要包含算法的透明之外，还需要对数据的去向进行持续的公开，长期接受监督。这对于一家靠数据来盈利的公司来说，无异于是与虎谋皮。

多元参与是公开公正的路径之一

比阅读政治新闻更贴近生计的，是银行贷款和福利分配。如今人工智能已经开始广泛应用于银行和政府对于个人信用和经济状况的评价，而究竟为什么有些人的申请被拒绝，有些人的被接受，往往连人工智能的使用者，甚至开发者，也不能给出完全令人信服的答案。这是因为许多人工智能设计，尤其是

---

① 富兰克林·福尔. 没有思想的世界——科技巨头对独立思考的威胁［M］. 舍其，译. 北京：中信出版集团，2019：49.

神经网络，其运作方式是不可追溯的。卡内基梅隆大学计算机
科学和电子工程系的达塔教授（Anupam Datta）于 2016 年研制
了一款量化输入影响系统（Quantitative Input Influence，QII），
试图揭示各个因素在放贷与否的最终决定形成中，各自所占比
重有多大，从而观察种族或者性别是否在其中起到了歧视性的
作用。达塔指出，有一些公司已经发布了算法透明报告，不过
这些报告对计算基础方式的披露有限，QII 的目标就是形成真正
的透明报告。QII 方法不是单单考察哪一种变量具有最大的影响
力，而是量化衡量一组输入所具有的合力。① 例如，银行在决定
放贷与否时，高收入女性和高收入男性获批的概率若是极为相
近，那么就很难下定论说银行涉嫌性别歧视；可是如果当低收
入男性比低收入女性更容易获得贷款时，那么这个揭露出的问
题就比单纯的性别歧视要复杂，它还牵扯到低收入人群中的性
别分工，这种分工和职业发展潜力的差别在高收入人群中就可
能不那么显著。

　　公布算法和开源的压力不仅来自美国社会内部，也来自外
部的竞争，例如中国的同行。2018 年下半年，美国数个大型科
技企业纷纷推出优化人工智能公平性质的工具，包括脸书的
Fairness Flow、微软研究院的数据预处理和输出预估、谷歌的

① Spice B. Carnegie Mellon transparency reports make AI decision-making accountable：Figuring
Out Why the Computer Rejected Your Loan Application [EB/OL]. Carnegie Mellon University，
Computer Science Department（2016 - 05 - 24）　[2020 - 10 - 03]. https：//csd. cmu. edu/
news/carnegie-mellon-transparency-reports-make-ai-decision-making-accountable.

"人＋人工智能研究"（PAIR）计划、IBM 的 AI OpenScale 工具和 AI Fairness 360 工具包等。这一系列行动的背景之一，便是来自中国的同行竞争。2018 年 1 月，中国电子技术标准化研究院发布了《人工智能标准化白皮书》，有不少业内相关企业参与编写，显示出中国人工智能正在从野蛮生长迈入有序发展阶段。① 比起行政约束，美国龙头企业们则视开源共享和自下而上的行规约束为最好的管控手段。如果有足够多的程序员和开发者能够共同目击、监督算法的制造，那么就能够确保各大科技企业所开发的模型和算法是相对透明的。②

高质量、高透明度的公平公正，唯有邀请更多的主体参与才能够有效维持，这种参与既不限于国别，也不限于某个行业。随着人工智能在普通民众的生活中日益深化，人工智能使用者和公众之间的信任关系将是必不可少的。当然，要做到这一点也要基于一条善意的前提，那就是当企业或国家在使用人工智能时，他们会将这一情况广而告之。从这个意义上说，人工智能算法对价值观的作用是一把双刃剑，一方面它可能会把越来越多历史上的价值观积弊暴露出来，为正视并解决它们提供转机；另一方面它也可能促使越来越多的企业在越来越多的情境

---

① 国家标准化管理委员会工业二部，中国电子技术标准化研究院. 人工智能标准化白皮书（2018 版）［EB/OL］. 中国电子技术标准化研究院（2018 - 01 - 24）［2021. 02 - 05］. http：//www. cesi. cn/201801/3545. html.

② Teich P. Artificial Intelligence Can Reinforce Bias，Cloud Giants Announce Tools for AI Fairness［EB/OL］. Forbes（2018 - 09 - 24）［2020. 04 - 14］. https：//www. forbes. com/sites/paulteich/2018/09/24/artificial-intelligence-can-reinforce-bias-cloud-giants-announce-tools-for-ai-fairness/＃5b5b3eee9d21.

中选择不公布人工智能工具的在场。如若人工智能的社会效应被整体遮蔽起来，这就给一种向善的价值观转向又带来了变数。

安全与归责： 人机结合中的道德挑战

枪支泛滥是今天美国最令人头疼的社会问题之一，但同时也是其价值观最独树一帜的体现。美国宪法第二修正案确立之时，其最主要的考量是安全，全民持枪既能抵御他国的侵略，又能阻吓本国政府对私人空间的入侵，它是一种对私权的声张和歌颂，第四修正案对权力进入私人空间搜查的预防也是此理。这种观念经历了近三个世纪的发展之后，对外、对内两种考量的天平逐渐失衡——枪仍然是普通美国民众表达自由和安全的文化符号，但隐私就越来越不那么重要了。在国家层面亦是如此，美国对外的军事价值理念愈发讲求严密控制，民众对于自家政府的越权却并不介意，甚至享受数据隐私与人身安全的交换。

"闭合世界"冷战军事观的当代延续

事实上，这种失衡可以追溯到 19 世纪晚期。当时，工程师、管理人阶层的财富水平和社会地位都处于上升期，垂直整合在企业间流行，这种措施将主要生产流程全部置于单一组织架构之下，依靠控制和规模降本增效，通过薄利多销的手法在新兴城市市场中抢占份额。这种追求安全和稳定的价值观念激励企业进一步吞并上下游企业，以保障数据长期可见、可得、可控。发展到宣扬量化管理劳动的《科学管理原理》问世的1911年，作者泰勒已经可以明言："新兴的管理学说不仅适用于企业，也可用于家庭、农场、教会、慈善组织、大学，甚至政府部门。"①

冷战时期紧张的国际局势为这一价值观在军事领域的应用创造了条件。无论是五十年代针对预防苏联空中核打击的SAGE半自动雷达防空系统，还是80年代的战略防御计划SDI（俗称"星球大战计划"），都意在实现人机交互无缝对接。科技史学家爱德华兹（Paul Edwards）指出，战后美国强调防控的外交观和强调控制的科技观走到了一起，形成了冷战期间特有的"闭合世界"观念，追求对控制范围内一切信息的数据化和可计算化，将计算机的数据处理能力融入装备行动和决策过程，彻底剔除人机整合中人所带有的不确定性和非理性，构造绝对的、自动的、理性的系统。② 可以说，安全这一价值观念经历了在工业和军事领域成熟且成功的应用之后，其内涵已经不再是人对权力入侵的抵抗，美国民间对安全的追求越来越呈现出个体化、受动式、消费主义化的趋势。与之相应的，美国国家对安全的追求则越来越接近"闭合世界"的反乌托邦构想。

---

① Taylor F W. The Principles of Scientific Management [M]. New York and London: Harper & Brothers Publishers, 1911: 53 - 71, 12, 7 - 8.

② Edwards P. The Closed Word: Computers and the Politics of Discourse in Cold War America [M]. Cambridge: The MIT Press, 1997: 7 - 15.

人工智能对安全这一价值观的作用正是在这两个层面同时展开的，将此两种看似相反的诉求联合起来的，是人机结合这一技术命题。

在民间，无人车就是"闭合世界"价值观的当代延续，因为其目的在于杜绝人为决策失误和人为行动波动对输出的消极影响。此刻，"安全"不再是"不出事"的代名词，其内涵已蜕变为：从统计意义上消灭不稳定表现，这就必须要更多地依赖机器，更少地依赖人。2018 年，交通网络公司优步（UBER）在无人车实验中的一次失误，一度使人工智能的安全性成为媒体和法律界的焦点。2018 年 3 月 18 日晚上 10 点，赫兹伯格（Elaine Herzberg）正推着她的自行车在亚利桑那州坦佩市的高速公路上行走，结果被调试中的优步无人车撞死。当时虽然车上有驾驶员，但是由于将行驶权完全交给了人工智能，正在车上用移动设备观看综艺节目的驾驶员未能及时阻止惨剧发生。然而，这起事故没有动摇市场对无人车发展的信心，因为在统计意义上，无人驾驶技术无疑是更为安全的。据预测，到 2050 年，无人驾驶车的市场将增至 7 万亿美元，每年节约 2.5 亿小时工作时间，规避价值 2 340 亿美元的人为失误造成的经济损失，90％的交通伤亡事故将免于发生，100 万人的生命将得以保留。①

---

① RBR Staff. Infographic：The Ethics of Artificial Intelligence［EB/OL］. Robotics Business Review（2019 - 07 - 12）［2020 - 07 - 04］. https：//www.roboticsbusinessreview.com/ai/infographic-the-ethics-of-artificial-intelligence/.

在军方，无人机是人工智能应用的热门领域。这是因为自带视觉系统的无人机需要处理大量数据，如果能在现有的视觉基础上，赋予其学习、判断、调整行动的能力，就能极大的增强其战斗力，减少其故障率。根据观察无人机行业动态的新媒体 DroneII. com 所述，机器学习、深度学习和运动计划是和无人机最密切相关的三项人工智能技术。新出现的图像处理器 GPU 极大地提升了无人机的运算能力，虽然要成为能够自主行动的无人机仍然离不开长时间的训练和海量图像和信息的喂养，但深度学习似乎提供了一种相对快速的捷径，这些都为无人机人工智能水平的进一步提升创造了科技条件。目前这一类技术已经应用于检测铁轨和金属腐蚀的无人机上，侦测准确率可以达到 70%～80%。①

美国空军对无人机的开发应用的主要目标，是实现无人操控条件下的作战能力续航。奥巴马政府助推无人机产业有目共睹，仅在其履新三天后，他就授权了两次针对巴基斯坦的无人机攻击，造成无辜平民 20 余人死亡，不过是因为这些人"看着像恐怖分子"。奥巴马对情报部门的汇报表示不满，却也没有阻止无人机继续行动，可见美国军方对视觉识别的要求不过如此，决策和最终行动仍需由人来完成。到 2013 年，美国海军已经能够使用示范用无人机，在航空母舰上进行无人为操作的起降动作，这一动作即便是有经验的飞行员也需要经过长时间的训练

---

① Schroth L. Drones and Artificial Intelligence [EB/OL]. Droneii. com (2018 - 08 - 28) [2020 - 11 - 15]. https：//www. droneii. com/drones-and-artificial-intelligence.

方能完成，这展现了人工智能在这一领域的光明前景。美国军方也已经明确地展现出其对无人机能力的定位：无畏敌方信息战、电子战的干扰，实现在完全没有通讯的情况下，使用机上自带计算机进行战斗决策。①

就这一意义而言，人工智能在无人机领域的应用，其所包含的安全价值观是双重的：一来，无人机轻便迅捷，出击成本低廉，避免己方人员伤亡；二来，随着无人机中人工智能运用的不断升级，未来将会出现完全不需要人为操作的无人机，可在战场上自行判断决定下一步行动，保持战斗力，甚至实现安全返航。而在这两种含义里，后者才更接近未来时代"安全"的真正内涵。

这样的科技方向与步伐，已经引起了一些人士对相关伦理挑战的审慎思考：如果携带人工智能的无人机杀/误杀了人，这个责任究竟算谁的？一个名为"阻止杀人机器人运动"（Campaign to Stop Killer Robots）的非政府组织就提出，机器人杀人的行为必须在国际社会的共同努力下加以制止。该组织自 2012 年成立以来，已经获得了越来越多世界政要和美国本地议员的支持。② 20 世纪 50 年代，科幻作家阿西莫夫就提出了影响深远的机器人三法则：不杀人、服从命令（除非会伤人杀人）、寻求自

① Cockburn A. Kill Chain: The Rise of the High-Tech Assassins [M]. New York: Picador, 2016: 225 - 226, 257.
② Campaign to Stop Killer Robots. About Us. [2020 - 08 - 27]. https://www.stopkillerrobots.org/about/.

保（除非会伤人杀人），与当代人工智能的安全考量似有共通之处。

为了应对这种呼声，美国国防部发布了"人工智能原则宣言"。据称该文件费时 15 个月形成，广泛咨询了业内外专家，最终提出五条原则：负责、平等、可追溯、可靠、可治理。美国国防部称，他们将确保操作人员理解新科技，确保人工智能所使用的数据是透明的，无论是数据还是流程设计都是有据可查的；人工智能在某一领域的使用是明确的、清晰的、安全有效的，并需要经过反复测试来确认；当人工智能出现意料之外的后果时，人是有能力立刻介入并停止其使用的。[①] 其中除了平等之外，其实都指向同一个问题：出了问题谁负责？言下之意，杀人的行为本身并不存在道德瑕疵，伦理的争议重点变成了：究竟是什么算法出于什么样的理由做出了那样的判断？这种暧昧表态实际上转移了对于幕后执行者和决策者的道德批判，而是将机器和算法作为新的矛盾焦点。

另外，人工智能在各种新领域的新用途，也为"闭合世界"安全观的进一步发展创造了客观条件，例如人工智能图像识别技术。过去几年间，商用卫星所捕捉到的星球表面的面貌变化，已经逐渐累积到了具有商业潜力的程度，甚至可以每 24 小时更新

---

① Lopez C. T. DOD Adopts 5 Principles of Artificial Intelligence Ethics［EB/OL］. U. S. Department of Defense（2020 - 02 - 25）［2020 - 08 - 15］. https：//www. defense. gov/ Explore/News/Article/Article/2094085/dod-adopts-5-principles-of-artificial-intelligence-ethics/.

一次对整个地球的图像捕捉。处理地理空间类大数据的硅谷公司应运而生，例如 DigitalGlobe，Spaceknow 和 Orbital Insight，它们采用机器学习工具，从海量图片中寻找、提炼有价值的信息。例如，图像识别可以对数百万公顷林地中的树木数量做出极为精准的计算，相比起以往采样估算的做法，人工智能可以把树木数量精确到棵。又如，脸书从 DigitalGlobe 购买大量卫星图片，并通过其人脸识别技术，锁定没有互联网的潜在用户身在何处。[①] 谷歌也已经开发出了名为 PlaNet 的深度学习工具，意在令谷歌搜索引擎具备根据输入的任何卫星图像都能够定位其位置的能力。[②] 此类技术如若运用在军事领域，其情报价值不可小视。假设一家卫星图像数据公司能够对某一国家的工业设施的运行情况进行全天候的追踪观察，那么这些数据结果就能帮助美国绕过他国政府公布的官方经济数据，自行得出对该国经济状况的估计。

在美国，安全这一价值观念所包含的内容已被成功改写。拒绝差错的人机合作和全面布控，无论是在民间还是在军政界，都已经取代对私权的维护，成为安全价值观的真正追求。人工智能作为一种工具增加了这一目标实现的可能性，而新的安全价值观又反过来为技术发展铺平舆论道路。既然人工智能已经

①　Dillow C. What Happens When You Combine Artificial Intelligence and Satellite Imagery［EB/OL］. Fortune（2016 - 03 - 30）　［2020 - 08 - 27］. https：//fortune. com/2016/03/30/facebook-ai-satellite-imagery/.

②　Rohn A J. Google's PlaNet：Geolocating Photos Using Artificial Intelligence［EB/OL］. GIS Lounge（2016 - 03 - 11）［2020 - 08 - 27］. www. gislounge. com/google-planet-geolocating/.

与人类的性命与夺相关，关于人工智能是否具有道德能动性的讨论就在所难免。公众往往喜欢用让人进退两难的"电车悖论"作为衡量人工智能是否具有更高德性的标准，仿佛人工智能作为算力更强的"智能"，理应做出更合理的选择。有学者指出，以这种极端案例作为人工智能发展道德指南，并不利于在现实生活中对其进行规范和引导。[①] 考虑到人工智能对于美国社会生活润物细无声式的改造，针对人工智能所具有的道德能动性问题的探讨，也该着眼日常生活中看似平凡却意味深远的话题与实例。

两种道德法则模型中人工智能的归责问题

《纽约时报》曾报道，科技公司 Nest（后被谷歌兼并）曾于 2015 年推出过一款住宅温控人工智能系统，这套系统会先用一个星期的时间观察住宅内的人，注意他们的行为作息和温度偏好；它同时具有动作侦测感应器，可以知道家里是否有人。当家里没人时，它会进入节能模式；当家里有人时，它会调节温度来适应屋主的偏好。那么，假设屋主喜欢在夏天将温度设置在 22 度左右，而非通常建议的 26 度，假设屋主喜欢 24 小时维持温控，无论家里有没有人，那么当人工智能系统被告知要如此行事时，它应当尊重使用者的偏好，还是尊重更高级的、有

---

① Etzioni A, Etizioni O. Incorporating Ethics into Artificial Intelligence [J]. Journal of Ethics 2017（21）：403 – 418.

利于节能环保的德性呢?① 其中的核心问题是人工智能究竟应该遵循哪一种性质的价值观。当我们向人工智能发布指令的时候,人工智能应当遵照什么标准来运行呢? 按照我的指令行事,按照所表达的意图行事,按照所显露的偏好行事,按照基于理性和信息的偏好行事,按照我的客观利益最大化为目标行事,还是按照个体或社会的价值观行事?

这当中就显示出边沁式功利主义和康德式普遍道德法则这两种价值观原则的冲突之处。有学者指出,无论是这两种中的哪一种,人工智能本身都不具备作为道德主体的条件。例如,康德式道义论既要求有道德规范限定行为的轨迹,还需要有施展道德行动的动力。例如本能,本能在无意识的情况下驱动行为,它由情感驱使,需要经过社会化的训练形成,这些机器无法做到。如果用社群理论来解释道德动机,那么机器更不可能过关,因为一个作为道德主体的人必须在被社会其他成员认可为道德主体时,才能以这样的身份展开行动。如果人工智能只是依靠模仿来实践道德行为,那么它是不具备主体性的,不是靠"情感模组"对情绪采用量化的表达就能解决的。②

也有人认为,需要对人工智能是否具有道德性有一个明确的界定。对此,历史上并非没有构想,这一尚存于概念中的测

① Lohr S. Homes try to reach smart switch [N/OL]. New York Times (2015 - 04 - 23)[2020 - 11 - 14]. http://www.nytimes.com/2015/04/23/business/energy-environment/homes-try-to-reach-smart-switch.html?_r=0.
② Brozek B, Janik B. Can artificial intelligences be moral agents? [J]. New Ideas in Psychology, 2019 (54): 101 - 106.

试被称为"道德图灵测试"（moral Turing Test）。道德图灵测试本质上接近图灵测试的原理，需要自动化系统学会模仿人类的道德标准来进行决策。[①] 这一概念之所以迟迟未能付诸实践，是因为专家们对于应该运用哪些伦理来对人工智能进行道德判断无法达成共识。有学者指出，要规避这个选择难题，不妨将图灵测试中的人机对话限于道德话题。如果人无法分辨对方是人还是机器，那么机器便可视为一个"人工道德主体"（artificial moral agent）；或者不采用语言，而是用行动来判断，看看机器的行动和人的行动能否被区分。如果无法区分，那么机器便算通过道德图灵测试。[②]

塔夫茨大学计算机科学与人际互动实验室的阿诺德和舒茨（Thomas Arnold & Matthias Scheutz）指出，如果只是用这样的测试来决定人工智能是否道德，无非是诱导它给出具有欺骗性的答案来蒙混过关，这样反倒是有害的。因为首先，你无法判断模仿在这当中起到了多大作用。例如，当被问及复杂的乘除法运算时，机器可能完全具备瞬间应答的能力，但是它可以模仿人的行为，用多一些的时间思考，或者告诉测试者它算不出来，这样就增加了其被视为人而非机器的概率，关于道德问题亦是如此。其次，有时候人工智能给出了道德的回答，但我

---

① Wallach W, Allen C. Moral machines: Teaching robots right from wrong [M]. New York: Oxford University Press, 2010: 36.

② Allen C, Varner G, ZINSER J. Prolegomena to any future artificial moral agent [J]. Journal of Experimental & Theoretical Artificial Intelligence, 2000, 12 (3): 251 - 261.

们却无从知晓其道德推断的过程，况且即便能够做出德性的推论，也未必会带来德性的行为。人工智能如何认知环境，人工智能又具备哪些可以选择的行动，这些都应该是透明公开的。最后，如今越来越多的生产生活领域会有人工智能的身影，即便是弱人工智能也会带来道德冲击，如果所谓的道德图灵测试这一概念站不住脚，那么用它来作为全行业衡量人工智能道德与否的标准，就会很成问题。阿诺德和舒茨故而主张，应该采用系统查证的方法，确保自动化系统的设计是受控的、可追溯的，在系统设计之初和过程中，就将道德观念注入其中，而不是让它们应试一般地在已经知道肯定会得到允准和点头的答案中选择，实则无法查证它们决策的流程。系统查证是要查明机器为什么没有采取特定的反应，这种选择是建立在什么样的逻辑链上的，它又是如何对决策的情境进行评估的，这样就远比得到一个具有道德推论感的答案要可靠得多，也对设计提出了要求。①

　　系统查证并不解决自动系统的道德主体性问题，也不能提供令所有人满意的高尚解决方案。比如一辆无人驾驶汽车应当选择撞死路边的一个孩童，还是让坐在车里的车主牺牲生命，这抉择显然是进退维谷，但是它至少能够帮助我们更好地、更充分地探索伦理和道德准则，带领人工智能向更稳健的方向前进。目前美国学界有人主张，人工智能若要与价值观结合，结

---

① Arnold T, Scheutz M. Against the moral Turing test: accountable design and the moral reasoning of autonomous systems [J]. Ethics of Information Technology, 2016 (18): 103 - 115.

合的方式可以有至少两种：其一，是符合普世人权价值观的人工智能。世界各地虽然文化不同，价值取向多元，但是还是有一些关乎人生存之根本的理念是共享的，例如对温饱和安全的追求，对肉体免于痛苦和劳役的追求，人工智能应当基于这些普遍原则来构造；其二，是依据社会选择理论（social choice theory），将单个的价值观点以特定方式集合起来，形成一种特定的、自下而上的共识。人的偏好未必反映人的真实所愿，对个人利益最大化的追逐又会与公平分配的道德原则相抵触，所以将道德计算融入人工智能的设计当中，或可缓解这些矛盾。抑或设计投票环节，交由人工智能来平衡并统合多样化的利益诉求，形成一种基于算法的道德新共识。①

　　在现实生活中，公众其实已经逐渐形成了对于人工智能道德能动性的常识式判断。如果人工智能在现实生活场景中犯了错，人们究竟是会怪人工智能的算法，还是怪使用算法的人呢？密苏里科技大学心理科学系的单克和德桑提（Daniel B. Shank & Alyssa DeSanti）就此问题展开了一项调研，他们在线向 321 名被试者发放了问卷，调查他们如何评价 7 件真实发生的人工智能的道德失误，亦即归咎于谁，人还是机器。这 7 个事件分别是：①算法根据种族偏见误判罪犯的再犯概率；②用搜索引擎搜索"大猩猩"后显示出黑人女性图片；③护照照片识别算法将亚裔照片误认为是闭着眼的；④在线选美程序选出的都是浅肤

---

① Gabriel I. Artificial Intelligence，Values，and Alignment [J/OL]. Minds and Machines 2020，(2020 - 01 - 13)［2020 - 07 - 16］. https：//arxiv. org/abs/2001.09768.

色的女性；⑤在儿童的应用软件中推送色情暴力广告；⑥推特聊天机器人使用种族蔑称和支持法西斯的言论；⑦年轻女孩尚未告知家人怀孕就被商家寄来的优惠券泄露。被试者如果认为此事件有违道德原则，那么他们会进而被问及各个行为主体（组织者、使用者、人工智能算法或其开发者等）该承担多少责任（从 1 到 5），再继而被问"人工智能是否有自己的意识"，"多大程度上具有动机"等（从 1 到 5）。调查发现，如果被试者认为人工智能算法牵涉其中，那么认为该事件有违道德原则的比例会有所增加，会从 30％增加到 37％；而如果人工智能卷涉其中的话，那么其使用者也会被更多归咎，这证明当被调查者自己能够理解人工智能的运作规律时，他/她会认为事件中的使用者也是可以理解人工智能的，知错犯错故而罪加一等。同时调查表明，无论事件是否有违道德原则，绝大多数被试者不认为人工智能有自己的想法。① 基于上述同一组真实事件，该研究团队展开了另一项调研。他们将事件中的决策结构分为 4 种：①完全由人工智能；②完全由人；③由人监管的人工智能；④人工智能向人提供建议。通过对 453 名被试者的调查，该团队发现 4 种决策结构的不同并不能显著改变上文中提到的归责选择。②

---

① Shank D, Desanti A. Attributions of morality and mind to artificial intelligence after real-world moral violations [J]. Computers in Human Behavior，2018（86）：401－411.

② Shank D, Desanti A, Maninger T. When are artificial intelligence versus human agents faulted for wrongdoing? Moral attributions after individual and joint decisions [J]. Information, Communication & Society，2019，22（5）：648－663.

把伦理融入人工智能设计之初

一些初步的研究已经发现，当人们意识到人工智能在事件中发挥了某种作用时，该事件中的道德困境会遭到更多人的检视。之所以会如此，并不是因为人们认为人工智能具有自己的想法了所以十分危险，而更像是人工智能将道德法则对象化，使之更容易被探讨。一来它并不直接牵涉具体的人，减少了道德讨论中的一重伦理阻碍；二来它以算法的方式呈现道德，使之变得可追溯、可查证、可修正，增加了人们改善其道德实践的动力，毕竟改善机器的行为要比改善人性要可操作得多。正如杜严勇所说，哲学语言的模糊性与计算机程序的准确性之间存在天然的矛盾。[①] 上述例子所展现出的，是人们意图用计算机语言的精度来倒逼价值判断精度的典型范例。

美国的大学和研究机构，已经开始注意到价值观融合在人工智能设计阶段的重要作用，在课程设计上也反映出了对这种迫切需求的回应。在人工智能研究重镇波士顿，哈佛大学教授格罗斯（Barbara Grosz）制定了一项"内嵌计算机道德"（Embedded EthiCS）计划，旨在让计算机科学专业的学生有更多机会在课程中接触到伦理问题，实现在每一个人机协动的系统中都能够置入伦理模组。在这样的课堂里，学生们会探讨：如果一个被通缉的人进入到无人车中，那么无人车是否有义务将门窗反锁直接驶往警局？如果司机要求无人车以 80 迈的时速超

---

① 杜严勇. 人工智能伦理引论［M］. 上海：上海交通大学出版社，2020：61.

速行驶,无人车是否应该听从?万一出了事故,究竟是该由下达命令的人承担责任,还是由无人车制造商承担责任?现实生活中超速现象比比皆是,为什么到了无人车这里,超速就显得非常具有争议性呢?……在这些跨学科的追问中,并不存在唯一的标准答案,课程的目的旨在向未来的人工智能开发者们灌输伦理设计的必要性。①

伦理多样性的教育或许更有必要。2014 年一项研究指出,在对哲学没有预先知识的情况下,美国学生大多数是功利主义哲学的信徒,因为功利主义对愉悦和产出最大化的追求和美国的价值观天然一致。② 但这种价值观模糊了道德的定义,不讲情境,只讲更高效的控制,这些都会引发人工智能设计中的问题。美国国家科学基金资助的一项跨院校、跨学科的研究项目就指出,合理的人工智能伦理课程设计,应当向学生传授三种伦理观——康德的道义论、米尔的功利主义和亚里士多德的德性伦理学。以广告推送系统为例,功利主义追求最有效、最精准、最高转化,道义论追求双方义务权利的对等,亦即强调用户对平台使用自己数据的许可权,德性伦理学则强调用户不轻易上当点击,但又会适度点击广告以维持平台的生存权。此三者并

---

① Shaw J. Artificial Intelligence and Ethics: Ethics and the dawn of decision-making machines [J/OL]. Harvard Magazine,(2019 - 01)[2020 - 08 - 03]. https://harvardmagazine.com/2019/01/artificial-intelligence-limitations.

② Patila I, Cogonia C, Zangrandob N, Chittarob L, Silania G. Affective Basis of Judgment-Behavior Discrepancy in Virtual Experiences of Moral Dilemmas [J]. Social Neuroscience, 2014,9 (1):94 - 107.

不互斥，也没有高下之分，而是为学生提供完整伦理学视野的角度。教育者应当有义务让从事人工智能相关行业的学生接触到多元的伦理学观点，在课堂上积极引用科幻电影和小说作为讨论的场景，将其打造成受学生欢迎的课程，从而令系统设计之初，德性便是在场的。[①]

自由及其代价：从表面选择到真实赋能

无论是总统直选，还是新闻多元，美国价值观中的自由，其核心都在于选择。在不同的领域里，选择的逻辑基础又不尽相同，例如社会力量和信息的多元与市场生产能力的丰沛，两者就不能完全画上等号。美国传统价值观中的自由主义取向与消费主义很容易成为天然的盟友，因为人们在选购商品的时候，往往沉醉于挑选品牌时所体现的能动性，却不太考虑这些纷繁多样的品牌背后，是否出于同一个或者少数几个商家，错把生产营销能力的强大当作利益主体的多元。新的科技产品尤其容易落入这样的陷阱，人工智能也不例外。今日美国舆论对人工智能的追捧很大程度上出于对自由的不懈追求，事实上，科技本身并不具备这种属性，它仍然受制于特定的经济、社会、历史条件，需要人们理性面对。

---

① Burton E, Coldsmith J, Koenig S, Kuipers B, Mattei N, Walsh T. Ethical Considerations in Artificial Intelligence Courses [J]. AI Magazine, 2017, 38 (2)：22 - 34.

"自由"之内涵的跨世纪变迁

以个人电脑和互联网为例。冷战的终结，经济的繁荣，为 90 年代的美国注入了自由主义强心剂。信息科技为人们畅想未来和自由表达提供了新平台，但这种解放性的力量并不全然来自于数字科学和信息技术本身，更多的是由多种历史合力促成并维持的，其中最重要的有三点：一是以西海岸无线电兴趣团体为代表的信息乌托邦意识形态，受当时"反文化运动"影响，推广新社群主义（New Communalism），主张用新科技实现自给自足，创造和谐平等的无国界线上空间。① 二是东亚成为世界工厂，企业与企业横向的长期关系逐渐取代僵化的垂直整合，中枢化管理传统受到冲击，新自由主义思潮在美国勃兴。三是信息技术在走入民间后，为了迎合新兴市场需要，其营销方法也烘托了个人主义和自由主义氛围。80 年代中期，IBM 和苹果等企业日趋标准化的生产流程和视窗系统提供的直观的操作界面，为个人电脑降本增销，企业进而推广产品细分，例如著名 iMac Flavours 系列的多色外壳，为顾客提供了个性化的外观选择。

今天，美国对人工智能的认知仍存有 90 年代信息科技潮时的浪漫化倾向，或者在科幻电影所限定的极端情境中对其加以探讨，容易忽视其技术和行业土壤的深刻变化。首先是信息的商品化。以搜索引擎和社交媒体为代表的新型科技公司，它们

---

① Turner, F. From Counterculture to Cyberculture: Stewart Brand, the Whole Earth Network, and the Rise of Digital Utopianism [M]. Chicago: University of Chicago Press, 2006: 31 - 33.

不生产信息，却是信息实际的管理人，靠广告支持运营。为了提升推送转化率，公司需要收集分析用户的搜索历史、日常信息和人际网络，形成更符合用户偏好的内容推荐。如今，推荐系统这一人工智能工具已广泛存在于线上线下。美国第二大零售巨头塔吉特（Target）就通过发放免费会员卡追踪客户消费习惯，用 25 件商品（营养品、无香味的香皂和乳液、婴儿浴巾等）作为推算一名女性是否怀孕的依据，以便定点定向投放优惠券。① 其次，个人电子设备市场趋于饱和，严控成本再度成为争夺市场的有效工具。有迹象表明，不少新型科技公司正在走上垂直整合的老路，重新调整产业链布局，削弱了对横向长期关系的依赖。如流媒体企业网飞（Netflix），这家以租售影碟起家的科技公司于 2007 年开始提供线上观看，2013 年开始垂直整合上游产业，吞并整条影视产业链，制作符合用户品味的原创内容，推荐系统与市场增长之间形成良性循环。而苹果公司为了使 iPhone 实现 30～50 美元的降价，一面与芯片制造商高通诉讼不断，一面致力于内部研发生产芯片，意在避免此前因与高通的官司引发区域性禁售风险，企业间的横向长期关系正在经受逆全球化的严峻考验。

　　人工智能的普及便发生在这样的历史拐点，其概念虽然形成于 20 世纪中期，但人工智能之所以能成为商业潜力大、涉及人口众多的科技，正是得益于上述两大变化，即信息的商品化

---

① 加里·史密斯. 错觉——AI 如何通过数据挖掘误导我们［M］. 钟欣奕，译. 北京：中信出版集团，2019：289 - 291.

为人工智能提供了学习数据和反馈成果的新平台，个人电子设备的普遍化则为中枢化的处理、识别和学习提供源源不断的"原料"。无论是专家系统还是联结主义，人工智能在现阶段都离不开海量的数据的给养，不然纯粹一个函数拟合工具是没有商业价值的，也不会产生社会效应。从这个意义上说，人工智能虽然具有赋能机器解放人类的美好愿景，但却未必总是与人对自由的追求相一致，尤其是在消费之外的领域。

数据隐私的自由便是其一。9·11 事件之后，《爱国者法案》为国家安全局监听监控大开绿灯，其对象分布于美国境内外，数以百万计。国家安全局称他们只采集手机的"元数据"（metadata），具体通话内容并未窥听，但有数据安全专家指出，数据和元数据的差别不过是内容和语境而已。当绝大多数人口都被置于监听之下，仅凭元数据，即通话地点、对象、时长、频度等，就能完整地勾画出个人的社交地图。[①] 大型科技公司用人工智能协助情报机构分析海量信息。以 2013 年 3 月 8 日起的一个月时间为例，美国国家安全局下属的 Global Access Operation 单元就从美国电信系统上的 30 亿次电话通话和电子邮件中采集信息。斯诺登曝光的"棱镜计划"（PRISM）显示，大型企业如谷歌、苹果、微软等皆被要求提供用户数据信息。[②] 由此可见，无

---

① 布鲁斯·施奈尔. 数据与监控——信息安全的隐形之战［M］. 李先奇，黎秋玲，译. 北京：金城出版社，2017：25 - 28.

② Greenwald G. No Place to Hide：Edward Snowden，The NSA，and the U. S. Surveillance State［M］. New York：Metropolitan Books，2014：92 - 94.

国界线上空间的两大支柱，即跨国生产链和信息乌托邦，都已出现动摇，无法再支撑 20 世纪末盲目乐观的科技自由主义情绪。

自由意志的发展受阻也是一例。人工智能代劳决策的普遍应用能增加效率，但也会削弱人的反思精神，导致被动性、情感疏离、能动性降低、责任感降低、无知无助等。最简单的例子就是美国网民对流媒体网站视频推荐和社交媒体新闻推荐的依赖，大量网民已经将自己的观影品位完全交给自动化系统来塑造，推荐什么看什么，而不再自己手动探索，或者根据曾经的精英守门人的推荐沿着影片类型或导演成长的线索搜索，而是把欲望的放大和快感的提升作为信息摄取的唯一目标，为此甚至不惜牺牲影视作品的艺术性和新闻的真实性与科学性。2020 年新冠肺炎疫情中美国民众抗拒口罩疫苗的举动频现，背后就有大量不实、反科学的新闻与社评支撑。又例如，人们越来越习惯于在电商平台上选择礼物，只需要敲下"母亲节礼物"，就会出现一系列的商品，这些商品确实可能比个体自己所想的礼物更符合母亲的实际需要，毕竟这是基于大数据的人工智能决策。但是当人们把苦思冥想的工作交给人工智能时，当人们以为获得了时间和自由可以去从事更具投入产出比的活动时，他们其实也失却了一年一度与亲近之人沟通的机会，失去了真的仔细考察他人的生活，想他人之所想的机会。

凡事都由机器代劳更为致命的代价，就是工作岗位的消失，还有人对自身价值的再审视与再定义。每一次产业革命，新科

技所带来的工作岗位总比其摧毁的岗位要多，这使得美国社会
对于进步的期待不会因为鲁德分子捣乱而熄灭。皮尤研究中心
2014 年的一份调研显示，近一半的受访者认为，人工智能即将
带来的产业革命和过去不会有太大的差别，劳动力市场的发展
仍然是线性的。① 但是，如果我们仔细观察劳动性质的构成就会
发现，人工智能带来的威胁不同于从前，不但重复性高的体力
劳动面临被替代的可能，就连认知、互动、分析类的脑力劳动
也面临不同程度的威胁，这不是过去几次产业革命中用机械和
电气改变人类劳动和交流方式所能相提并论的。

全民基本收入或成为"软着陆"方案

泛用性人工智能在未来某一天的展开，将会彻底改变劳动、
薪金、收入的关系，而这种改变的前奏已经到来。根据美国白
宫经济顾问委员会 2016 年的报告，美国目前 8100 万个时薪低
于 20 美元的岗位中，83％都面临 2036 年被机器、自动化和人
工智能取代的风险。收入越低，危险越是迫近。更糟糕的是，
这种就业的不稳定性还伴随着越来越恶化的贫富差距。从 1979
年到 2013 年，美国收入顶层 1％的人群，其收入增长了 192％，
而底层 20％的人则只有 46％的增长。② 资本的增长始终比经济

---

① Rainie L, Anderson J. The Future of Jobs and Jobs Training [R/OL]. Pew Research Center
   (2014 - 08 - 06) [2020 - 08 - 16]. https://www.pewresearch.org/internet/2014/08/06/
   future-of-jobs/.

② Dillow C, Rainwater B. Why 'free money' could be the future of work (universal basic income
   as a solution to technological unemployment). Fortune, 2017. 176（1）：69 - 76.

的增长更快，这意味着，过去一个多世纪里的社会上升通道已经很大程度上被改写：勤奋并非致富的快车道，在低收入岗位靠长期雇佣关系积累储蓄实现富裕的人生已经成为活在父辈日记里的旧事，在未来这将更为罕见。

相应的，美国价值观也在发生深刻变化。原本对勤劳的追捧包含通过劳动换取薪酬，并通过节约开支来增加储蓄，从而支撑房产、汽车等大宗消费。这一价值观背后其实是美国特定的经济形势支撑起来的，也客观上离不开如房利美、房地美等联邦机构的支持。2008 年金融危机的教训表明，勤奋致富的"美国梦"只适用于特定收入水平的人，不然所有权就如云烟难以攥牢。随着人工智能对各种工作岗位的侵蚀，中低收入人群的上升通道日益狭窄，客观上对勤劳致富的价值理念造成了冲击。如果劳动也无法积累可观的财富，那劳动的意义又是什么呢？生活的内容如果仅限于为生存而劳动，那么人的意义又是什么呢？如果人不劳动，他是否还具有作为合格社会成员的资格呢，他是否应当享受同等的权利和权益呢？或者再进一步追问，人是否具有经济劳动之外的存在价值呢？

劳动的意义问题其实从未远离人们思辨的中心。早在 19 世纪晚期，工程师、管理人阶层就以量规和机床等为工具，对生产过程提出日益精确统一的要求。规范成品尺码，目的在于提升零件可相互替换程度，降低成本，扩大生产规模。这本质上是对熟练劳工经验的提炼和物化，劳动变得片断琐碎，可替代性增强，技艺中所包含的体感经验逐渐式微，谈判薪资时劳方力不从心。哲学家波兰尼（Michael Polanyi）曾于 1966 年提出一个悖论：我们知道的永远比我们说得出的要多……司机的技能不能靠上汽车理论课来代替，所以人工智能取代不了人类。其实这并不符合事实，从量规和机床的推广就能看出，劳动一直面临着被抽象化，进而被工具替代的风险，这种隐患并非始于人工智能时代。这一矛盾之所以长期以来没有爆发，一是因为人工智能之前的技术不足以对如此广泛的工作岗位形成冲击，二是美国的企业主和管理人在面对不断扩张的市场时仍较为乐观，有调节与劳工关系的意愿，劳工阶层逐渐富裕一定程度上疏解他们对于劳动意义的根本质疑。

第四次产业革命是此前劳动性质改变的延续，但又不同于前，鉴于人工智能的潜力，其对价值观极有可能是颠覆性的。农业社会时期，佃农付出劳动，由占有土地的有产者支付酬劳；工业社会时期，劳工付出劳动，由占有工厂的有产者支付酬劳。由弱渐强的人工智能如果实现，那么就将改写过去数千年的人类劳动形式和经济形态。当个体劳动无论是量还是质，甚至在个性风格方面，都不可能超越自动化系统的产出时，劳动作为人成为有效社会成员的门槛就被砸碎了。面对过剩的生产力，人作为消费者的存在似乎更有必要。于是，一个历史悠久的概念"全民基本收入"（Universal Basic Income，或者 UBI）找到了脱胎重生的历史契机。

今天在美国常常被扣上"社会主义"帽子的全民基本收入，其实一直以来都是美国价值体系中的元素之一。早在 18 世纪末，美国国父佩恩（Thomas Paine）就在《农业公正》一书中提出，地主因为占据了土地，因此最受惠于耕地技术的进步，而这种进步又是依靠社会全体劳动者实现的，从这个意义上说，地主"欠"这个社会的，应当以每年定额的资金返还到没有土地继承权的个人手里。1962年，诺贝尔经济学奖得主弗里德曼（Milton Friedman）提出"负所得税"概念，亦即当收入水平不达线时，不但不用缴税，还会得到补贴，这实质上也是全民基本收入的一种变体。① 60年代的美国，因为弗里德曼的倡导和其他经济学大家的支持，全民基本收入开始逐渐进入政策领域。1969年，总统尼克松提出"家庭救助计划"，为每户家庭提供每年1600美金（今天约11000美金）的资助。这证明，关注社会公平的美国思想者们其实一直没有放弃这个大胆的设想，1972年的民主党总统候选人甚至提出了更为慷慨的政策。但是这些政策都在国会层面被驳回，因为冷战时期美国在意识形态方面强调个人主义、按劳分配和自由市场等价值观，它们与全民基本收入的概念确实多有矛盾之处。

　　然而，从宏观经济状况来看，勤能致富成为美国价值观其实是一个历史的偶然，其所基于的原理是19世纪晚期和20世纪初的经济大局。彼时美国经济增长迅速，劳动力缺口大，中

---

① 值得注意的是，即便是60年代全民基本收入呼声高涨时，弗里德曼等经济学家的主要考量仍然在于精简政府机构，削减政府职能，避免形成日益臃肿的福利制度官僚体系，考量的出发点仍然是政府的行政效率，而非对于劳动制度和勤劳这一美德的根本质疑。Friedman M. Capitalism and Freedom [M]. Chicago：University of Chicago Press，1962.

学文凭的劳工就可以通过体力劳动挣得一份相对体面的收入。二战之后，"美国梦"的概念逐渐形成，其中所包含的一项重要元素就是房产所有权，美国政府推出了大量优惠政策，促进贷款市场流通，鼓励居民买房，并带动其他产业。总体来说，20世纪中期，美国家庭的收入与房产持有率稳步上升，给予了勤能致富这样价值观以支撑。加之冷战时期意识形态的对立，任何强调社会福利制度的呼吁与政策，都会被无情地被归入敌营。到2016年时，奥巴马白宫仍然无法接受全民基本收入这样一个概念，或者以此概念为基础展开政策设计。要一位总统承认在他治下，工人无法受雇这种悲观现实已经成为施政的前提，这确实有点令人为难。

　　新的经济格局已经形成，房产价格走高，收入增长停滞，贫富差距日益悬殊，这让年轻人感受到了强烈的危机感。父辈们勤致富的老路走不通了，美国的价值观亦开始动摇。在2017年与Quartz的采访中，比尔·盖茨提到：当一个工人今天在工厂里产生价值5万美元的劳动时，政府会从中收取所得税，收取社会保险金等等；那么如果一个机器人做了同样的工作，它难道不应该被征税吗？盖茨主张，虽然全民基本收入这个主意有点激进，但是政府应该向使用机器人的企业征税，来救助越来越处于不利地位的人类劳工。① 2016年总统大选中的民主党候选人希拉里·克林顿也对全民基本收入展现出浓厚的兴趣，

① Light L. The backlash against Bill Gates' call for a robot tax [EB/OL]. CBS News (2017 - 03 - 10) [2020 - 08 - 15]. https：//www.cbsnews.com/news/bill-gates-tax-robots-luddite/.

她对阿拉斯加州依靠原油收入补贴本地住民的做法赞赏有加，并认为需要进一步跟进，了解这类政策可行性的技术细节。①

美国全民基本收入在过去几年间借 2020 年总统大选的东风，已经成为了曝光度颇高的时尚热词。这当中既反映出美国民众因始终难以缩小的贫富差距而产生的焦虑，也说明人工智能在各行各业的使用已经对低收入劳动者群体构成了颇为实际的威胁。从组装汽车的机器臂、无人驾驶的州际卡车，到银行的在线客服、快餐店的点餐人员、线上的外文教师……自然语言处理等人工智能工具使得机器人对人力的取代不再仅限于蓝领工作。2020 年民主党候选人杨安泽（Andrew Yang）在推广他每人每月一千美元的 UBI 计划时一再提到，全民基本收入并不是社会主义和共产主义特有的，从历史上看这其实是一个"非常美国"的主意。不但建国伊始就有这样的构想，就连民权运动领袖马丁路德金也视其为解决黑人人口积贫积弱的有效办法。杨安泽在民主党初选中虽有一定声势，但最终惨败，这也从一个方面证明了 UBI 在当下的美国推行条件尚不充分。进一步说，人工智能所带来的对人的权益的威胁与思考虽然已经日渐实质化，但仍没有突破现有美国自由主义价值观中对种族和经济平等的解释框架。

事实上，人工智能给现有劳动制度和福利制度带来的颠覆

---

① Matthews D. Hillary Clinton almost ran for president on a universal basic income [EB/OL]. Vox (2017 - 09 - 12) [2020 - 08 - 15]. https://www.vox.com/policy-and-politics/2017/9/12/16296532/hillary-clinton-universal-basic-income-alaska-for-america-peter-barnes.

将是根本性的。哈佛大学肯尼迪国务学院的里斯教授（Mathias Risse）指出，如果我们以为人工智能的来临也会以历史上相似的局面善终，那么未免太天真了，因为如果要让未来的人类能与人工智能竞争，那意味着现行的教育系统要全部喊停，要进行非常极端的调整才行。当然也有可能，新工作岗位的增加，必要工作时间的减少，更高的薪酬，或许能让人们过上更好的生活，但是里斯指出，在美国这样连全民医保都缺乏社会共识的国家，科技与教育之间的赛跑很可能最终以富裕阶级进一步扩大财产占有而告终，更多的人将滑入难以维持基本人权的社会状态。[①]

　　这并不是危言耸听。劳动力市场日益萎缩，意味着所得税的降低，政府却要支撑起越来越沉重的福利安全网。从趋势上看，这是不可持续的。由此可见，这一问题的解决，也必须包含两个抓手：一个是扩大征税的对象，一个是改变福利发放的方式。于是，征收"聪明机器人"税，或者如杨安泽所说，向受益于人工智能应用的企业征收增值税，用于发放无条件的全民基本收入，听上去就没有那么荒谬了。但也有人指出，这种做法在财政层面是不负责任的，会造成政府高额赤字，发达国家也无力承担，而且失去针对性的福利发放只会让底层群众的获得变少。同时，如此施政还存在鼓励宅家不出门工作，降低社会凝聚力，降低社会参与的风险，同时 UBI 也是企业敷衍塞责、

① Risse M. Human Rights and Artificial Intelligence：An Urgently Needed Agenda［J］. Human Rights Quarterly 2019，41（1）：1 - 16.

不认真探讨就业市场结构性问题的"遮羞布"与"万灵安慰剂"。[①]

勤奋的定义在教育领域已被改写

如果说劳动抽象化和财富分配极化属于历史问题，那么人工智能带来的对勤劳这一价值审美的全新定义，已经在教育领域日益显示出来。在职业教育领域，美国的政客喜欢淡化人工智能的威胁，热衷于宣扬再训练项目，认为它们能够帮助失业人口找到新的工作。因为人工智能发展速度快，涉及的领域日渐广泛，因此这种再训练似乎必须是终生的，必须要紧随人工智能的发展节拍。至于这种培训能在基础教育洗炼中已经惨遭淘汰的低收入人群中产生多大的积极结果，没有人真的敢打包票。

在基础教育领域，勤奋和效能的定义也在不断被改写。学习中的勤奋不再是纯粹的知识和技能积累，而变成了一种对自知与自觉的积极寻求——为了不被人工智能轻易替代，为了成为对人工智能的存在与力量有察觉、有驾驭的新一代劳动者。近年来，美国学者开始意识到人工智能教育必须"从娃娃抓起"，让孩子们在大学教育之前就进入人工智能的知识语境，人工智能及其相关知识内容已经广泛走进基础教育，出现于美国中小学课堂。其中的代表之一就是 AI4K12 计划，该计划是由人

---

① Goldin I. Five reasons why Universal Basic Income is a bad idea [N]. FT. com，2018 - 02 - 11.

工智能促进协会（The Association for the Advancement of Artificial Intelligence）和计算机科学教师联盟（Computer Science Teachers Association）共同推进，由美国国家自然基金提供资助。该计划将人工智能相关的问题分为五种：一是认知，包括人的感知对比计算机感知，从感知到认知，计算机认知的局限性；二是表征与推理，包括世间万象如何通过数据表达，计算机如何利用这些数据进行推理，它的局限性是什么；三是学习，包括学习的本质，机器学习的方法，神经网络基础，机器学习的局限性；四是自然互动，包括自然语言处理，知觉与哲学思维，人机互动等；五是社会影响，包括人工智能对商业、医保、司法等领域的改变，人工智能的经济驱动作用，人工智能带来的伦理争论，人工智能对就业岗位的威胁等。进而将这些知识内容分为四个年级段（2，3 - 5，6 - 8，9 - 12）传授，各阶段内容各不相同，复杂度逐步递增。①

与之相匹配，越来越多的科技公司和大学也开始研发和提供帮助青少年理解和学习的互动平台。Scratch 就是其中代表，它与 IBM 共同开发了"认知伙伴"（Cognimates）和"给孩子们的机器学习"（Machine Learning for Kids）。谷歌的创造性实验室（Creative Lab）开发了"可教的机器"（Teachable Machine）来帮助青少年学习视觉识别和分类的原理。"应用软件发明家"

① Touretzky D，Gardner-mccune C，Martin F，Seehorn D. Envisioning AI for K - 12：What Should Every Child Know about AI? [M] //Proceedings of the Thirty-Third AAAI Conference on Artificial Intelligence. Palo Alto, CA：AAAI Press，2019：9795 - 9799.

（App Inventor）则是由麻省理工学院开发，利用亚马逊智能音箱的自然语言处理能力，来帮助青少年从事手机程序的开发。[①]

其实，有设计的人工智能系统未必让人越来越懒，越来越受动，它同样可以用来实现自由意志的提升，将自由这一价值观的定义从消费主义中解放出来。卡内基梅隆大学的卡塞尔教授（Justine Cassell）指出，今天对人工智能的畏惧并不新鲜，在历史上早已有之。当电报和电话日渐普及的时候，19世纪、20世纪的美国家庭十分担忧这些新的通信设施会让他们的女儿受到诱惑，进入脱离家庭道德制约的无法之地。这种畏惧并非针对科技本身，而是关乎人们对自身、后代、家庭和群体价值观的担忧。人工智能的目标未必是完全的机器自立自治，1956年夏天的达特茅斯会议对机器可以模拟学习智能的定义并不是这一概念的本义。卡塞尔认为，1946年到1953年间召开的梅西基金会讨论大会（The Macy Conferences）上对控制论的讨论更具代表性：人工智能的目标是建立一套"关于人类心智活动的普遍科学"，并用机器来作为认识人类认知的模型。卡塞尔指出，如果从一开始，我们就接受人并非自立自治而是互相依靠的，那么我们对机器的追寻也就不会陷入对自立自治无尽追求的怪圈。

卡塞尔长期从事人工智能虚拟学伴的研发和实验观察，她对于教育学和社会学理论的吸纳极其充分，意在建立具有社交

---

① Touretzky D, Gardner-mccune C, Breazael C, et al. A Year in K - 12 AI Education [J]. AI Magazine, 2017, 38（2）：5 - 6.

属性的人工智能。她与她的学生塔塔罗（Andrea Tartaro）开发了一款专门针对阿斯伯格症孩童的学伴，在学校和一些非正式场合，观察这些 9—14 岁的孩子们如何与虚拟学伴展开互动。虚拟学伴被设置成一个故事的发起者，然后会在特定的时候陷入沉默，进而发问"然后发生了什么呢"，来诱导孩子们加入对话。实验结果十分令人惊喜，这些平日里与普通孩子交流极其困难的阿斯伯格症患儿，在与虚拟学伴的互动中展现出了前所未见的沟通技能，他们会积极补全虚拟学伴说到一半的故事。例如在奶奶做饼干的故事里，当虚拟学伴陷入"犹豫"之时，他们主动说奶奶去拿面粉，奶奶去拿糖等等。可见沟通的技能在这一人群中并非缺失，而是普通人习以为常的社交环境对他们来说过于压迫，与人工智能之间的沟通则不存在这样的问题。这意味着人工智能系统能够帮助我们理解特定人群的意识活动，进而引导他们学会一般的社会互动。①

　　可见，从对人工智能的不同定义出发，不局限于生活中常见的应用，将能更完整地认清这一科技所蕴含的潜力。它可以应用于消费主义式的自由，让人们不断沉浸在让自己舒适的圈层当中，不断点击可预判的、带来更多快感与刺激的内容；它也可以回归到对人的心智的真正的科学研究中，从对机器的研究中探索人类意识的复杂活动，释放人的潜能，实现真正意义

① Cassell J. Artificial Intelligence for a social World：The underlying mission is to better understand social interaction and to build machines that work more collaboratively and effectively with humans [J]. Issues in Science and Technology, 2019, 35（4）：29 - 36.

上的赋能与自由。

本 章 小 结

美国价值体系中，平等、安全、自由一直占据着中心位置，很容易被误读为同一组价值观跨越时空，贯穿始终。事实上，处在不同经济社会背景中的平等、安全与自由，其内涵也一直在改变。一些价值判断得益于人工智能赋能，正在回归其应有之义，当然它们的负面效应自然也存在被放大的风险。

人工智能在司法领域、职场、教育中的应用，将数据基础中的积弊暴露了出来。机器并没有错，而是"喂养"它的数据里已经包含了不公正的人类实践。因为机器的介入，以算法作为表达的平等价值观日渐客体化，促使业界对相关算法加以讨论和修正。这是人工智能对美国价值观积极作用的一面。但是另一方面，随着人工智能技术的提升，安全的价值内涵也在变迁。20世纪未能实现的军事理想正在成为社会现实，去中心化的私权维护正日益被高度中心化的信息集成与人机结合所取代，人的能动性越来越被力求百分百杜绝人对决策和执行过程的非理性干预的价值取向所取代。

如前所述，美国的价值观由自由主义和控制文化两方面构成。人工智能为控制文化在社会、经济、政治、军事、生活等方面找到了新的应用平台与机会，使控制文化得以二次发育，对效率、精确、标准化和中枢化的要求渗透到日常生活方方面面。控制文化与自由主义之间，力量并非对等，因为前者直接受益于科技的进展，有更多的硬件条件和发生频度支撑；后者则相对软性，倚赖道德自律和慷慨善良。

科技史学者休斯（Thomas Hughes）曾指出，19 世纪以来的科技发展是大型科技项目的发展，个体的英雄式的研发固然重要，但是系统的构建则不只包含机械和物件，还涉及社会的组织方式。二战后美国的科技发展超越了早前的大发明家模式，更仰赖权力机构的管理能力对各类科研机构和经济组织的协调与整合。[①] 人工智能目前仍不能脱离既有科技应用和社会组织独立运作，因此相比起科技本身，其基础技术的沿革与特性，其在经济社会中实际的应用场景，以及学界和一般社会成员如何对其做出评价，这些方面更值得我们关注。尤其是关于机器的道德观念，究竟是采取边沁式的、更为服务于人工智能使用者的义利观，还是采用康德式的、更顾及普遍性真理和道德的义利观，将成为人工智能开发者们将要一直面对的难题。

至于在一些已经不可逆转的领域，价值观不得不呼应人工智能的发展而发生改变，例如人工智能对就业市场的普遍威胁，以及相应而来的对"勤能致富"这一系列 20 世纪价值理念的重新解读。人在某些领域的算力全方位败给计算机只是时间问题，这一发展是不可逆转的。虽然美国价值传统中具有相当多抗拒"全民基本收入"这类政策的文化元素，但是年轻一代美国人对

---

① Hughes T P. Rescuing Prometheus：Four Monumental Projects that Changed the Modern World [M]. New York：Vintage Books，1988：6 - 9.

于"勤奋"的理解已经悄然改变。勤奋不再是不懒惰，勤奋是越来越讲究战略的、跨学科的、终生式的生存法则，需要在人工智能难以"触类旁通"的领域有技巧地发挥人之为劳动者的价值。至于这种多少带着受迫色彩的勤奋，它的边界在哪里，还没有人知道确切的答案。

第4章
人工智能与欧洲价值观

　　早在 2013 年，欧洲主要国家就开始对人工智能进行系统性布局，如法国政府发布了《法国机器人发展计划》。但此时，欧洲其他各国对人工智能普遍重视不足，与人工智能相关的政策主要集中于机器人、脑科学等领域。

　　2016 年，谷歌人工智能程序 Alpha Go 战胜韩国围棋名手李世石，此时诸多国家纷纷认识到人工智能真正的潜力，各国政府开始讨论人工智能可能给社会、经济带来的颠覆性影响，"人工智能"一词频频出现于各类政府报告中。其中最典型的，就是奥巴马政府发布的《为人工智能的未来做准备》《国家人工智能研究与发展战略计划》和《人工智能、自动化与经济》等报告。一石激起千层浪，报告一经发布，人工智能就得到包括欧洲在内的各国政府、金融界、产业界和学术界高度重视。在此背景下，欧洲开启了自己的人工智能发展之路。

差异竞争： 确立以人为本的价值观战略

2018 年 3 月，有欧盟智库之称的欧洲政治战略中心发布题为《人工智能时代：确立以人为本的欧洲战略》的报告。[①] 报告指出，欧洲在人工智能领域投资少且缺乏全球规模的数字公司。在深度学习领域、专利申请和投资方面，也落后于美国和中国。在这种情况下，欧洲政治战略中心建议欧盟鼓励发展人工智能并努力建立起人与机器的共生关系。它提出欧盟应确立以"人为本"的战略，把政策目标定为使人们感到被人工智能赋能，而非被其威胁。

2018 年 4 月，欧盟委员会发布政策文件《欧盟人工智能》（Artificial Intelligence for Europe），提出了欧盟的人工智能发展道路。向来有着人权传统的欧盟决定另辟蹊径，着重探讨人工智能的价值观。在技术占劣势的情况下，欧盟希望向国际社会输出富有自身特色价值观的人工智能，引领人工智能的发展方向，塑造人工智能在社会中的积极角色。这份文件表达出欧盟要竭力确保在人工智能领域占有国际竞争力的决心，并努力让欧盟国家都能跟上这场数字变革并以欧盟价值观作为新技术的基础。[②] 仅在 7 个月之后，德国发布《德国联邦政府人工智能

---

① 需要说明的是，2020 年 1 月 30 日，欧盟正式批准英国脱欧，所以在这时间节点之前阐述欧盟人工智能有关内容，包含英国的发展情况。在此之后不再涉及。

② https://ec. europa. eu/digital-single-market/en/news/communication-artificial-intelligence-europe

战略报告》，积极响应欧盟提出的"以人为本"价值观，着力促进"实现以人为本、以社会福祉为导向的应用"。①

尊重公民价值观及权利

技术从来都不中立。人工智能需要价值观，需要伦理约束。欧盟提出了人工智能价值观，并自信地认为这将是欧盟对国际社会的独特贡献。

2020 年 2 月，欧盟委员会《人工智能白皮书》再次强调，"考虑到人工智能可能对我们的社会产生的重大影响以及建立信任的需要，欧洲的人工智能必须以欧洲价值观和人类尊严及隐私保护等基本权利为基础，这一点至关重要"②。该白皮书在充分尊重欧盟公民的价值观和权利的情况下，为人工智能在欧洲得到信任和安全发展提供了政策方向。它强调，"未来欧洲人工智能监管框架的关键要素，是将创建一个独特的'信任生态系统'。要做到这一点，必须确保遵守欧盟的规则，包括保护民众基本权利的规则，特别是针对在欧盟运行的、风险较高的人工智能系统。建立一个信任的生态系统本身就是一个政策目标，它应该让公民有信心接受人工智能应用，为企业和公共组织利用人工智能创新发展提供法律确定性"。

---

① 李仁涵. 德国人工智能战略解读 [J]. 中国工业和信息化，2019（04）：75.

② White Paper：On Artificial Intelligence-A European approach to excellence and trust. European Commission, Brussels, 19.2.2020. COM（2020）65 final. Page2，3，5.

加强协调与合作

为建立一个卓越的"生态系统",进一步建立和完善价值观,以支持整个欧盟经济和公共行政部门发展人工智能,欧洲正在积极从多个层面加强行动。

与成员国合作。欧盟委员会于 2018 年 4 月通过了关于人工智能的战略,并于 2018 年 12 月提出了一项协同计划——与各成员国一起制定——促进欧洲人工智能的发展和使用。该计划提出了约 70 项联合行动,以便成员国与欧盟委员会在研究、投资、市场吸收、技能和人才、数据以及国际合作等关键领域开展更密切、更有效的合作。该计划预计运行到 2027 年,并定期进行监测和审查。协同计划的目的是最大程度地扩大研究、创新和部署方面的投资,评估各国人工智能战略,并在此基础上继续深化扩大与成员国的人工智能协调发展。欧盟在人工智能领域的资助,将集中在超出单个成员国能力范围的领域。在未来 10 年内,欧盟每年在人工智能领域投资超过 200 亿欧元。为了刺激私人和公共投资,欧盟将从"数字欧洲"计划、"地平线欧洲"计划以及"欧洲结构投资基金"中调配资源,以满足发达地区和农村地区的需求。

这项协同计划也可以作为人工智能的一个重要原则来处理社会和环境福利。欧洲承诺人工智能及其生态系统会以一种环境友好的方式帮助解决最紧要的问题,包括气候变化和环境恶化。人工智能还能够检查资源使用和能源消耗情况,并做出对环境有利的选择。

欧盟鼓励各个成员国制定人工智能战略，设定投资计划。此外，彼此之间分享实践经验，加强协同合作并确保行动始终一致，这都能够提高欧盟在人工智能领域的国际竞争力。在互控操作性、数据池等方面展开合作，协同制定法律规则，有利于避免欧盟内部的碎片化监管，也利于人工智能创业公司涌现。

目前，一些成员国已经或正在制定人工智能发展的战略计划。2018 年 3 月，法国出台了国家人工智能战略。德国以"工业 4.0"为基础，建立了一个学习系统平台，促进学术界、工业界和政府之间的战略对话，并进一步提出关于自动驾驶和互联驾驶伦理的报告。2018 年 4 月，24 个成员国与挪威签署合作宣言，承诺在人工智能领域形成合力，并与欧盟委员会展开战略对话。[1]

聚焦研究和创新社群的努力。欧洲无力维持目前分散的研究中心格局，也没有一个与全球领先机构竞争的体量规模。因此，欧盟认为有必要在人工智能研究中心之间建立更多的协同效应和网络，协调他们的工作以提高水平，保留和吸引最好的研究人员并开发最好的技术。

这些中心和网络应集中在欧洲有潜力成为全球冠军的部门之中，例如工业、卫生、运输、金融、农业、能源、环境、林业、地球观测和太空。而在这些领域中，全球领导地位的争夺

---

[1] Artificial Intelligence for Europe. European Commission, Brussels, 25.4.2018. COM (2018) 237 final. Page17.

战一直在进行。欧洲为此提供了巨大的资本、知识和专业技术，创建了多个测试和实验站点，支持新型人工智能应用开发和后续部署。

在整合欧洲、国家和私人投资的基础上，欧盟委员会已协助建立创新中心和测试中心。同时，欧盟委员会拨付巨额款项，专门用于支持"数字欧洲"计划下世界级检测中心的建设，并在适当情况下通过"地平线欧洲"计划的"研究和创新行动"进一步予以支持。

与私营企业合作。确保私营企业充分参与并提供必要投资也很重要。发展人工智能，需要融入利益相关方，需要调动企业、消费者组织以及其他团体代表在内的多元参与者。欧洲相关人士认为，这需要建立广泛的公私合作伙伴关系，并征得公司最高管理层的一致同意。

为此，欧盟建立了广泛的多利益相关方平台和欧洲人工智能联盟，在人工智能相关问题上展开合作和交流。在"地平线欧洲"项目背景下，欧盟委员会在人工智能、数据和机器人技术方面，与该项目的其他公私伙伴进行协作，并与测试中心和创新中心共同努力，确保人工智能研究与创新协调发展。2017年9月，富士集团与巴黎综合理工大学合作开设了"人工智能卓越中心"，预计5年内投资5000万欧元开展人工智能研发。富士集团法国区总裁本杰明·莱克莱弗斯基表示，将加强巴黎人工智能卓越中心的研发工作，挖掘与欧洲其他国家的联合研发潜力，特别是加强与富士德国区工业4.0研发中心的紧密合作。①

加强国际合作。在围绕共同价值观和促进人工智能的应用伦理方面，欧洲努力保持全球领先地位。欧盟在人工智能方面的工作已经影响了国际讨论。在制定伦理准则时，欧盟吸收了一些非欧盟组织和若干政府观察员。欧盟还积极参与制定亚太经合组织的人工智能道德原则。随后在 2019 年 6 月，二十国集团在关于贸易和数字经济的部长声明中也认可了这些原则。

与此同时，欧盟认识到在其他多边组织，如联合国教科文组织、经济合作与发展组织②、世界贸易组织和国际电信联盟中开展人工智能合作的重要性。在联合国，欧盟参与了数字合作高级别小组报告的后续工作，包括提供人工智能的发展建议。基于伦理规则和价值观（如支持自下而上的监管趋同、获取包括数据在内的关键资源、创造公平的竞争环境），欧盟在人工智能方面继续与志同道合的国家合作，也与其他全球参与者合作。欧盟委员会密切监测第三国限制数据流动的政策，并通过世界贸易组织范围内的行动，处理双边贸易谈判中的不当限制。欧盟委员会坚信，关于人工智能的国际合作，必须基于一种尊重基本权利的方法，包括人的尊严、多元化、包容、非歧视以及

---

① 杨进，许浙景. 法国加快人工智能领域人才培养：思路与举措［J］. 世界教育信息，2018，14：11.

② http://www.xinhuanet.com/2020-04/29/c_1125923088.htm：经合组织总部设在法国巴黎，其宗旨是促进成员经济和社会发展，帮助制定和协调各国经济政策，推动世界经济增长。经合组织前身为成立于 1948 年的欧洲经济合作组织，随着非欧洲国家的加入，于 1961年改为现名。

对隐私和个人数据的保护。该委员会将努力在全世界传播其价值观。同样，负责任地开发和使用人工智能可以成为实现可持续发展目标和推进 2030 年议程的驱动力。[①]

人机共存是未来趋向

机器智能的发展不仅将模糊人与机器之间的界限，更会加剧冲击现有网络信任关系和安全。随着人工智能的发展，当更高级别的通用型人工智能和超级人工智能出现之时，人类与机器的关系将会面临新的挑战，包括人机之间如何协助和如何相处，机器是否可以享有人类与人类之间的人道主义待遇。而所有这些，都将成为未来社会无法回避的问题。

早在 2013 年，欧盟研究机构就预感到人工智能的迅速发展和普及，可能会对未来就业市场产生颠覆且不可逆转的影响，它们通过市场风险分析，发表了一系列预测报告。另外，牛津大学学者卡尔·贝内迪克特弗雷和迈克尔·奥斯本检验了 702 种职业被计算机化的可能性，按照被取代的风险大小进行了排序，最终认为美国将会有 47％的工作面临被计算机取代的风险。其中电话促销员、会计、体育裁判、法务秘书以及收银员等 5 个工种被认定为最有可能被计算机取代的工作。后续的研究指出英国有 35％的职业可能被取代。[②] 对此，英国"一些著名的

---

① White Paper: On Artificial Intelligence-A European approach to excellence and trust. European Commission, Brussels, 19. 2. 2020. COM（2020）65 final. Page8 - 9.

② 腾讯研究院，等. 人工智能［M］. 北京：中国人民大学出版社，2017：344 - 345.

科技精英表达出对人工智能的警惕以及悲观态度，如霍金在《卫报》上发表《这是我们星球最危险的时刻》一文，认为工厂自动化已经影响了传统制造业的工作，人工智能的兴起将继续破坏中产阶级的工作"。① 英国玛格丽特·博登在《人工智能的本质与未来》一书中也提到了类似的担心。② 有的研究认为人工智能也会影响德国的制造业，"机器人和计算机技术的普及将减少约 61 万个组装和生产类岗位"。③

尽管如此，欧洲各国对人机关系的未来也有不同看法。欧盟发布了《机器人战略研究议程（2014—2020）》，分析了未来机器人发展的技术群，包括系统设计、机械电子、人机交互及智能技术。其中，人机交互技术群主要包括人机界面、人机合作和安全技术。④ 由此可见，人机合作已成未来人机关系的大趋势。

此外，埃森哲咨询公司首席技术官保罗·多尔蒂曾撰文指出，人工智能到 2035 年就可以帮助许多发达国家实现经济增长率翻倍、完成就业转型，并培养出人类与机器间的新型关系。

好莱坞科幻电影对人与人工智能的关系进行了有益的艺术探索，并形成了四种不同的观点和态度⑤。欧洲人士对于第四种

---

① 金东寒主编. 秩序的重构——人工智能与人类社会［M］. 上海：上海大学出版社，2017：18.
② ［英］玛格丽特·博登. 人工智能的本质与未来［M］. 孙诗惠，译. 北京：中国人民大学出版社，2017：186 - 187.
③ 金东寒主编. 秩序的重构——人工智能与人类社会［M］. 上海：上海大学出版社，2017：133.
④ 科学技术部编著. 2016 国际科学技术发展报告［M］. 北京：科学技术文献出版社，2016：134.
⑤ 腾讯研究院等著. 人工智能［M］. 北京：中国人民大学出版社，2017：314 - 316，368 - 369，371 - 372.

设想"未来人机如何相处",给出了答案。2015 年,由英国亚力克斯·嘉兰编剧并导演的电影《机械姬》对人机之间的恋情进行了追问。天才程序员 Caleb 被请来对 Nathan 开发的机器人 Ava 进行图灵测试,但双方却心生爱慕,Caleb 最终帮助 Ava 逃到外面世界,自己却被囚禁在实验室。同样,类似情感也出现在法国电影《她》中。男人公在与女朋友分手后一直未能走出感情阴影,情路一直不顺。但有一天,一个只听得见却触摸不到的人工智能女友叩开了他封闭已久的心扉。她拥有迷人的声线,温柔体贴而又幽默风趣。他们很快发现彼此是如此投缘,尽管不能感受彼此的温度、呼吸,但心灵的相通却带给他们久违的温暖。虽然,电影结尾没能上演男、女主人公长相厮守的奇迹,但能够与人类交心的人工智能的创意还是引发了无数人的遐想和憧憬。

之所以出现人与机器人相互爱慕、真假难辨的影视情节,是因为开始有人不再视机器人为一种工具或某种功能,人和机器人间的关系达到一种平等的状态;又由于人类与机器人间的沟通、理解甚至冲突,使人与机器人实现了共处共生,这也是人类追求的"善"的生活。以"善"为目标,人们在对待具有人类情感和心理活动的人工智能时会考虑机器的感受,将它们视为准人类,赋予他们尊严和价值,因为人类也希望别人(包括人工智能)能够这样对待自己。对待机器人的态度折射出的正是人类对待自己的态度。如果说人与自然关系的科幻电影带来的是对人类目前行为的伦理反思,那么人机关系的科幻影片传递的就是对未来人机平等共存的真切思考。

　　而这种影视情节已经出现在现实生活，情感机器人的出现给人类带来了有温度且人性化的服务。目前，业界对其前景一片看好。英国科学界甚至预测，到 2050 年人类有可能和根据需求定制的情感机器人"结婚"。不过，玛格丽特·博登也提及了一些评论家肤浅的概念："个人的爱慕接近情欲、性迷恋和单纯令人舒适的熟悉感。"

增进福祉：保障社会及公民权利

　　虽然人工智能是一项改变世界的尖端科技，但其开发者和部署者须受制于欧洲法律对于基本权利（如数据保护、隐私、非歧视）、消费者保护、产品安全和责任规则等方面的规定。无论一个产品或系统是否依赖人工智能，消费者都期待同水平的安全性和对他们权利的尊重。

　　人工智能发展最主要关注的风险之一便是个人数据、隐私的泄露以及歧视。人工智能的使用可能会影响欧盟的基础价值观，并导致基本权利受到侵害[①]，包括言论自由、集会自由、人的尊严、围绕性别、种族或族裔的非歧视、宗教信仰自由，或围绕残疾、年龄、性取向的非歧视，以及消费者保护权等。

　　正因如此，欧洲将技术和产业优势与高质量的数字基础设

---

① Council of Europe research shows that a large number of fundamental rights could be impacted from the use of AI, https：//rm. coe. int/algorithms-and-human-rights-en-rev/16807956b5.

施和其基本价值观相结合，成为数据经济及其应用创新的全球领导者，力图为整个欧洲社会和民众带来好处，让公民获得新的利益，如改善医疗、减少家用机械故障、提供更安全更清洁的交通系统以及更好的公共服务。欧盟通过改进产品的可持续性和在政府部门中配备工具来确保公民安全，提供适当的保护措施，尊重他们的权利和自由。

巩固工业和法律优势，保护公民权利

欧洲作为老牌工业强国的大本营，有着传统的工业优势，在人工智能发展中占据有利地位，不管是作为用户，还是作为这项技术的创造者和生产者，都能更好地从人工智能的潜力中受益。它拥有优秀的研究中心、新型的初创企业、机器人领域的全球领先地位，以及从汽车到医疗、保健、能源、金融服务和农业等世界顶级的制造业和服务业等。

欧洲拥有强大的计算基础设施（如高性能计算机），这对人工智能运行至关重要。欧洲还拥有大量的公共和工业数据，这些数据潜力目前还未得到充分利用。在安全可靠、低功耗的数字系统方面，欧洲也拥有业界公认的优势，这对人工智能进一步发展同样至关重要。欧盟正在积极拓宽智能技术、基础设施以及数字运算能力方面的投资渠道，增强在数据经济关键技术和基础设施方面的技术主权。

欧洲还发挥自身优势，从硬件制造业到软件，再到服务业，全面巩固并扩大自己在生态系统和价值链上的地位。欧洲生产

超过四分之一的工业和服务机器人（如现代农业、安全、卫生、物流），它们在为公司或组织应用软件程序、支持电子政务中扮演着重要的角色。[①] 此外，欧洲在制造业领域的人工智能布局也领先于世界，超过一半的顶级制造商在业务中至少创造了一个人工智能实例。[②]

关于基本权利和消费者权利的保护，欧盟加紧立法脚步，出台了《种族平等指令》《就业和职业平等待遇指令》《关于就业和获得商品和服务方面男女平等待遇的指令》《通用数据保护条例》《数据保护执法指令》等多部法规，共同支撑起人工智能领域的法律框架。欧盟强调金融服务、移民或网络中介责任等领域的立法过程，必须尊重基本权利。[③] 鉴于人工智能在欧盟关于平等就业要求上的重要性，欧盟还将进一步考虑可能影响劳动者权利的其他特定法律应用。

除完善立法框架外，欧盟还特别注意远程生物识别功能[*]的

[①] White Paper：On Artificial Intelligence-A European approach to excellence and trust. European Commission，Brussels，19. 2. 2020. COM（2020）65 final. Page3.

[②] White Paper：On Artificial Intelligence-A European approach to excellence and trust. European Commission，Brussels，19. 2. 2020. COM（2020）65 final. Page4. This Followed by Japan（30%）and the US（28%）. Source：CapGemini（2019）.

[③] White Paper：On Artificial Intelligence-A European approach to excellence and trust. European Commission，Brussels，19. 2. 2020. COM（2020）65 final. Page13.

[*] 远程生物识别功能，与生物识别有所区别。生物识别是一种安全过程，依赖于个人独特的生物特征来验证他/她是谁，他/她说他/她是谁。远程生物识别是指在一定距离、公共空间以连续或持续的方式，铜鼓将多人的身份和数据库中存储的数据进行核对，借助生物识别（指纹、面部图像、虹膜、血管模式等）建立多人的身份联动。见 White Paper：On Artificial Intelligence-A European approach to excellence and trust. EuropeanCommission，Brussels，19. 2. 2020. COM（2020）65 final. Page18.

使用和监督。应用远程生物识别技术，对人类有关信息和生物数据进行收集和使用（如在公共场合部署面部识别应用），会对欧洲民众基本权利带来特定风险。

使用人工智能系统的远程生物识别功能对基本人权的影响可能因使用目的、环境和范围的不同而有很大差异。根据欧盟现行的有关数据保护规则和《欧盟基本权利宪章》，只有在正当的、符合比例的并受到充分保护的情况下，才可将人工智能系统用于远程生物识别。因此，除特殊情况外，欧盟《数据保护执法指令》原则上禁止为了识别特定自然人而进行的生物数据识别处理。具体来说，这种处理只能基于维护重大公共利益等特定情形而开展。由于任何以识别特定自然人为目的的生物特征数据处理，都将涉及欧盟法律所规定的禁令，所以该项技术将受到《欧盟基本权利宪章》的约束。[1]

另外，为了解决公众对在公共场所使用人工智能这一社会问题的担忧，并避免内部市场分裂，欧盟委员会将展开一场全欧洲范围内的论辩，讨论可以依法使用人工智能的具体情况和相应的保障措施。

推动人工智能在中小企业和公共部门的应用，促进社会发展

只有所有人都能获取技术并从中获益，欧盟才能真正实现人工智能的社会潜力。为此，欧盟极力避免人工智能扩大数字

---

[1] White Paper：On Artificial Intelligence-A European approach to excellence and trust. EuropeanCommission，Brussels，19.2.2020. COM（2020）65 final. Page21.

鸿沟，进一步推动建设数字创新中心和人工智能需求平台，增进与中小企业之间的合作，促使中小企业和潜在用户从人工智能中受益。欧盟委员会已经决定，将采取措施确保所有的潜在用户，特别是中小企业以及没有技术实力的公司和公共机构能够获取最新的技术并开展人工智能试验。为此，欧盟支持建设"人工智能按需平台"，使所有用户可以单点获取最新的人工智能资源。

欧盟委员会还与成员国合作，确保每个成员国都会有高度专业化的人工智能数字创新中心。"数字欧洲"计划将为数字创新中心提供经费支持。欧盟委员会希望数字创新中心都能为本国中小企业提供支持，帮助它们理解和采用人工智能。

中小企业和初创企业需要获得资金以更新其工作流程，或使用人工智能进行创新。欧盟委员会和欧洲投资基金已在 2020 年第一季度启动 1 亿欧元的试点计划，为中小企业人工智能的创新发展提供股权融资。在与 MFF① 达成最终协议的情形下，欧盟委员会预计从 2021 年起大幅扩大投资规模。

除在中小企业加大投资和应用力度外，欧盟及有关成员国还计划在公共管理部门、医院、公用事业和运输服务部门、金融监管机构以及其他公共利益领域部署人工智能的产品和服务。

---

① White Paper：On Artificial Intelligence-A European approach to excellence and trust. European Commission，Brussels，19. 2. 2020. COM（2020）65 final. Page6："the Multiannual Financial Framework for 2021 to 2027"（2021—2027 年多年度财政框架）. 另据 http：// www. xinhuanet. com/2019-03/13/c _ 1124230432. htm 报道，根据欧盟法律，欧盟预算在多年度财政框架下运行，目的是保证在至少 5 年的周期内稳定实施欧盟计划。

现阶段重点是医疗卫生和运输领域，目前技术已经较为成熟。法国国营铁路公司通过使用智能交通系统，预防了大量事故的发生，并降低了大约 30% 的维修成本。[①] 欧盟委员会优先发起了与医疗卫生、农村行政管理和公共服务运营商等部门公开透明的协作对话，旨在通过一项促进人工智能试验、应用和发展的行动计划。

金融领域也加快了人工智能应用。2015 年 12 月，欧洲三大金融监管机构——欧洲银行业管理局、欧洲证券及市场管理局、欧洲保险与职业年金管理局共同发布报告，针对银行、保险、证券业中涌现的智能投顾服务进行了分析。[②] 在金融市场中发展较为成熟的智能投顾是一种在投资顾问业务中应用的自动化工具，由投资者提供个人信息，自动化工具结合客户信息并通过算法为客户提供金融产品和服务的交易建议。

重视技能培训和应用监督，提升个人能力

欧洲高度重视人工智能技能培育，着力弥补能力短缺。欧盟委员会已经提出强化技能的议程方案，确保每个人都能从绿色和数字化转型的欧盟经济发展中受益。欧盟委员会还向有关部门机构提出倡议，希望他们提高人工智能领域的技能，以便有效地执行有关规则。欧盟已经出台并更新了《数字教育行动

---

① 金东寒. 秩序的重构——人工智能与人类社会 [M]. 上海：上海大学出版社，2017：228.
② https://www.eba.europa.eu/documents/10180/1299866/JC＋2015＋080＋Discussion＋Paper＋on＋automation＋in＋financi-al＋advice.pdf

计划》，这将有助于更好地利用数据和基于人工智能的学习和预测分析技术，逐步改善教育和培训系统，使之逐步适应数字时代。该计划还致力于在各级教育中提高人们对人工智能的认识，以便公民做好准备来适应人工智能带来的影响。[①]

欧盟还与各成员国一起制定了人工智能协同计划，并确定了优先实践事项：发展与人工智能相关的必要技能，并提高劳动力适应由人工智能主导的转型升级。欧盟正打算将道德准则的评估清单转变为人工智能开发者的指示性"履历"，进而成为培训机构的辅导资源。

此外，欧洲的人工智能研究与创新中心正吸引世界各地的人才，并对外持续传播欧洲不断发展的卓越技能。欧盟计划为"数字欧洲"计划中的一流高校和教育机构提供先进的核心技术，以此来吸引最优秀的教授和科学家，并提供人工智能领域世界领先的硕士学位课程。

欧盟在注重个人技能提升的同时，也注重运用人为监督方式来深化合规和伦理意识的养成。一个值得信赖、符合道德伦理、以人为中心的人工智能，其客观性只能通过确保相关人员对于高风险人工智能应用的适当参与来实现。人为监督可以确保人工智能系统不会削弱人类自主权或造成其他有害的影响。

即使在特定法律制度框架下，适当的人工监督类型和程度

[①] White Paper: On Artificial Intelligence-A European approach to excellence and trust. European Commission, Brussels, 19.2.2020. COM (2020) 65 final. Page6.

仍然可能因情况而异。这种变化主要基于系统特定的用途和对相关民众及法律实体的使用而产生的效果与影响。在人工智能系统处理个人数据时，企业、部门、个人都应当尊重《通用数据保护条例》规定的各项合法权利。①

价值维系：
技术、人才、法律与伦理"三轮驱动"模式

正如蒸汽机和电力一样，人工智能正在重塑我们的世界，特别是社会和工业领域。算力的提高、数据的积累以及算法的进步使人工智能成为了本世纪最具战略性的技术之一。人工智能的发展也必将彻底改变这个世界。为此，欧盟极力构建一个坚实的人工智能战略框架，确保其在人工智能领域具有全球竞争力，确保发展和应用人工智能可以增进社会福祉，赋能所有人。

欧盟委员会提出的人工智能战略框架包括三大支柱：一是提升人工智能在经济领域的技术和产业能力，并推动人工智能向全社会推广普及；二是迎接社会变革，教育和培训体系跟上时代发展，关注劳动力市场的新变化，培育新型人才；三是研究人工智能带来的新挑战和新问题，促进利益相关方交流合作，

---

① White Paper: On Artificial Intelligence-A European approach to excellence and trust. European Commission, Brussels, 19.2.2020. COM（2020）65 final. Page21.

制定与人工智能发展和应用相适应的伦理和法律框架。[①]

拥抱技术革新，提升产业能力

人工智能具有足够大的技术辐射效应，能够为全球经济和社会发展提供新的强劲引擎。其一方面广泛应用于互联网、金融、教育、医疗等方面，使我们的生活更加便捷和高效；另一方面有效诊疗重大疾病、减少交通事故伤亡、减少饥饿和贫困、应对网络安全攻击等方面，有助于解决人类社会面临的重大挑战。

为确保在人工智能领域具有全球竞争力，确保所有民众都能跟上这场数字化变革，欧盟提出必须提高技术和产业能力，使得人工智能能够广泛渗透到各行各业。为此，欧盟从以下几个方面加紧部署：

第一，把握未来数据浪潮的机遇。

相对美、中两国，欧洲目前在消费者应用程序及在线平台方面处于弱势，进而导致数据获取方面处于劣势。但从世界范围来看，每天产生的数据量正在迅速增长。据国际数据公司预测，全球数据量将从 2018 年 33ZB 增加到 2025 年 175ZB。[②] 因此，每一波新的数据浪潮，也为欧洲在全球经济中重新定位并成为世界领先者带来机遇。

[①] https：//ec. europa. eu/digital-single-market/en/news/communication-artificial-intelligence-europe
[②] 国际数据公司. 数字化世界—从边缘到核心白皮书. 2018 年 11 月，第 3 页，见 https：//wenku. ofweek. co/show-41934. html

加强数据记录和保存。考虑到人工智能系统复杂性、不透明性以及难以有效核实遵守和执行适用规则的困难情况，欧盟正在制定数据记录和保存的相关要求：保存与算法设计有关的记录，保存训练高风险人工智能系统的数据，在某些情况下"保存数据本身"，建立、测试和验证人工智能系统的程序和技术文档等。这些要求使得人工智能系统那些潜在的问题或决策可以被追溯和验证。这不仅有助于人工智能程序的执行和监督，也会促使经营者在遵守这些规则的同时考虑到规则的用意。

这些记录、文档和相关的数据需要在有限的时间内留存，从而确保相关立法的有效执行。欧盟有关部门已经采取措施，确保被测试者在测试或检查时能够根据要求提供相应材料，并在必要时保护好机密信息。

强化数据访问与管理。没有数据，就不可能开发人工智能和其他数字应用。因此，数据访问和管理是重中之重。尚未生成的海量新数据，使欧洲获得了位居数据和人工智能转型前沿的机会。负责任的数据管理和数据运用，有助于建立信任和确保数据的可再利用性。在《欧洲数据战略》支持下，欧盟委员会已提议在"数字欧洲"计划下拨付超40亿欧元资金支持高性能和量子计算，包括边缘计算和人工智能、大数据和云基础设施。这些在关键计算技术和基础设施的投资，是欧洲强化数据访问和管理的有效措施，也是加强和捍卫欧盟价值观和规则的重要途径。

在数据访问和管理阶段，欧洲始终强调价值观的输入。因此，欧盟已经萌发训练人工智能系统数据的构想，保证人工智能系统支持的产品或服务符合各项安全要求。同时，保证用于训练人工智能系统的数据能够符合欧盟价值观和保护基本权利的现行立法规则[①]。

加强数据开放共享。数据是机器学习的关键。为此，需要促进数据的开放和共享。2005—2020 年，欧盟已经推出多项举措促进公共部门数据和公共资金资助的研究成果对外开放和再利用。如今为了最大程度地促进数据流转和分享，欧盟委员会已经推出以下举措：修订公共部门信息开放指令，出台私营部门数据分享指南，修订科研信息的获取和保存建议，出台医疗健康数字化转型政策（包括分享基因数据及其他医疗数据）。

深化数据处理技术。由于几百年卓越的自然科学积淀，欧洲在人工智能算法领域一直处于领先地位。量子计算的最新进展将使得计算机的数据处理能力呈指数增长趋势。数据处理技术在量子计算方面拥有突出的学术优势，加之工业在量子模拟器和量子计算编程环境中的强大作用，欧洲已经站在这项技术的前沿，并已计划将量子测试和实验设施的方案应用于一些工业和学术部门。

接下来，欧洲将在目前独立的学科（如机器学习、深度学习、符号学习等）之间建立桥梁，运用大量数据及相关性学习

---

① White Paper：On Artificial Intelligence-A European approach to excellence and trust. European Commission，Brussels，19. 2. 2020. COM（2020）65 final. Page18 - 19.

来训练模型，实现符号推理与深度神经网络相结合，提高人工智能结果的可解释性。

第二，加大人工智能研发力度。

打造世界级欧洲人工智能研究中心。当前，欧盟及各成员国正在大力建设人工智能研究中心，并激励相关研究机构沟通合作、共同发展、共享成果，把欧洲打造成全球人工智能研究和创新的前沿阵地。2018 年 1 月，法国政府与三星集团加大合作力度，宣布未来将扩大三星在巴黎人工智能领域的研发团队规模，将巴黎研发中心打造成为三星继韩国、美国之后的第三大人工智能研发中心。①

支持人工智能产品测试和实验。对人工智能产品进行测试和实验，是其进入市场前的必备环节，这意味着必须要使产品符合安全标准和规则。经过测试和实验，政府决策者可以对新技术形成更好的认知，便于制定更为合适的法律框架。为此，欧盟委员会已经在医疗健康、交通运输等领域建成第一批测试和实验基础设施，并向所有企业开放。②

加速技术成果市场转化。在低功耗电子产品的处理器技术方面，欧洲一直处于全球领先地位。虽然这一市场目前由非欧盟参与者主导，但在欧洲处理器项目等计划的帮助下，这种情

---

① 杨进、许浙景. 法国加快人工智能领域人才培养：思路与举措［J］. 世界教育信息，2018，14：11.

② https://ec. europa. eu/digital-single-market/en/news/communication-artificial-intelligence-europe

况正在改变。为推动成果的市场转化，欧盟大力支持技术突破、创新和转化，已经为 2018—2020 年期间的试点项目划拨了 27 亿欧元预算，支持 1 000 个具有潜在突破性意义的项目以及 3 000 个关乎项目可行性的科研奖项。①

相关成员国也在自动驾驶领域做出努力。德国政府在 2015 年就已允许在连接慕尼黑和柏林的 A9 高速公路上实施自动驾驶汽车测试项目，2016 年 4 月批准了交通部起草的法案，将"驾驶员"的定义扩大到能够完全控制车辆的自动系统。2017 年 5 月，德国联邦参议院投票通过首部自动驾驶法律，允许自动驾驶汽车在特定条件下代替人类驾驶。同年 9 月，德国西门子宣布收购荷兰自动驾驶软件公司新网国际，以加强其无人驾驶汽车业务发展和成果转化。在服务机器人领域，德国的成果转化也处于前列。② 2017 年，英国发布《在英国发展人工智能》，将无人驾驶汽车放在了人工智能领域发展的突出位置，希望充分利用英国国内大学及企业的相关人员在人工智能和机器学习领域的优势，进一步提升无人驾驶技术。③

监测人工智能发展和应用情况。欧盟委员会注重监测人工智能在整个经济活动中的应用和渗透，从中寻找人工智能可能给产业价值链带来的潜在变化以及对社会及法律发展和劳动力

---

① Artificial Intelligence for Europe. European Commission，Brussels，25.4.2018. COM（2018）237 final. Page7.

② 2016 中国服务机器人产业发展白皮书. （2017 - 01 - 04）［2017 - 06 - 01］. http：//robot. ofweek. com/2017-01/ART-8321203-8100-30087531. html.

③ 金东寒. 秩序的重构——人工智能与人类社会［M］. 上海：上海大学出版社，2017：229.

市场的影响。欧盟还将对人工智能产品和系统的技术能力进行基准测试，了解技术的实际发展情况，定期对人工智能战略所设定目标的实施进展情况进行评估。

第三，加大人工智能建设投资。

加大政府投资。欧洲生产的机器人目前占据全球市场 32% 的份额[1]，为了保持和扩大欧洲领导地位并确保经济和社会发展，到 2020 年底，欧盟将投入大约 15 亿欧元。[2]

各成员国也纷纷加大人工智能战略投资，巩固人工智能发展成果并促进进一步创新，鼓励企业或机构进行相关测试和试验，加强高精尖研究中心的建设，保障所有利益相关方的利益，切实关注中小企业的人工智能发展和应用（见表 4-1）。如德国在 2018—2025 年，"投入约 30 亿欧元资金用于 AI 研发，达到 3.5% 的研发目标，其中 2019 年预算为 5 亿欧元"。[3]

表 4-1　欧盟及主要成员国人工智能战略投资

国别或地区	时间	政策/规划	资金投入
欧盟	2014 年 2018 年 4 月 2018 年 6 月	《2014—2020 欧洲机器人技术战略》 《人工智能合作宣言》 "数字欧洲"项目	28 亿欧元 — 92 亿欧元

① https://www.eu-robotics.net/sparc/about/robotics-in-europe/index.html
② Artificial Intelligence for Europe. European Commission, Brussels, 25.4.2018. COM（2018）237 final. Page6.
③ 李仁涵. 德国人工智能战略解读 [J]. 中国工业和信息化，2019，（04）：75.

（续表）

国别或地区	时间	政策/规划	资金投入
德国	2014 年	《新高科技战略》	111 亿欧元
	2018 年 7 月	《联邦政府人工智能战略要点》	——
	2018 年 9 月	《高科技战略 2025》	150 亿欧元
	2018 年 11 月	《德国联邦政府人工智能战略》	30 亿欧元
法国	2013 年	《法国机器人发展计划》	1500 万欧元
	2017 年 3 月	《国家人工智能战略》	2500 万欧元
	2018 年 3 月	《法国人工智能发展战略》	15 亿欧元
英国	2016 年 10 月	《机器人技术和人工智能》	——
	2016 年 11 月	《人工智能：未来决策面临的机会与影响》	——
	2017 年 10 月	《在英国发展人工智能》	——
	2018 年 4 月	《人工智能行业新政》	10 亿欧元
	2018 年 4 月	《产业战略：人工智能领域行动》	——

资料来源：国务院发展研究中心国际技术经济研究所、中国电子学会、智慧芽. 人工智能全球格局：未来趋势与中国位势 [M]. 北京：中国人民大学出版社，2019：332. 说明：此时英国尚未脱欧。

到下一阶段（2021—2027 年），欧盟将继续扩大投资，通过成员国共同努力，支持有关机构和部门部署和使用人工智能系统。[①]

吸引私人投资。充分的私人投资对人工智能研发与应用也极为重要。为此，欧盟持续吸引私人投资以支持人工智能研发和行业应用。欧盟已经与欧洲投资银行集团展开合作，在

[①] Artificial Intelligence for Europe. European Commission，Brussels，25. 4. 2018. COM（2018）237 final. Page9.

2018—2020 年投资 5 亿欧元。① 根据"地平线欧洲"计划的部署，欧盟委员会已与欧洲机器人协会合作推动民用机器人研发计划——"SPARC"，欧盟委员会出资 7 亿欧元，欧洲机器人协会投入 21 亿欧元②，使得"SPARC"计划成为世界上最大的民间资助机器人创新计划。

此外，欧盟委员会和欧洲投资基金会推出 21 亿欧元的泛欧风险投资基金计划，加大对欧洲创新型创业公司的投资。③ 2020年，欧盟在人工智能领域的公共和私人总投资至少已达到 200亿欧元。④

重视人才培育，促进教育和培训体系升级

200 多年前，由于担心机器会夺走人们的工作进而毁灭人类，英国工人开展了轰轰烈烈的卢德运动，捣毁了取代工人工作的机器；2000 年，高盛在纽约总部的美国现金股票交易柜台雇用了 600 名交易员，到 2017 年只剩两名；2016 年以来，AlphaGo 在围棋人机大战中先后击败李世石和柯洁。金融、围棋等行业受到如此重大的冲击，人们不禁会问：人工智能是否会抢了人类的饭碗？

诺贝尔经济学奖得主列昂季耶夫曾表示，未来三四十年将

---

① Artificial Intelligence for Europe. European Commission，Brussels，25. 4. 2018. COM（2018）237 final. Page8.

② 同上，Page5.

③ 同上，Page8.

④ 同上，Page6.

有大量工人被人工智能取代，从而形成巨大的就业与转业问题，就像 20 世纪大量马匹被机械取代一样，只不过这些后果将发生在人的身上，除非政府能够对新技术带来的红利进行再分配。欧盟清醒地认识到这种全球性社会变革，并早已着手准备，应对诸多不可预见的挑战。

首先，消除"数字鸿沟"，为每个人提供所需的数字技能。

数字化正在影响劳动力市场结构：中等技能工作正在被自动化，低技能工作将会受到人工智能更为显著的影响。预测人工智能的潜在就业影响并投资于劳动者，正是以人为本的人工智能价值观所要求的。因此，为了避免区域、产业或人群之间不平等的继续扩大，欧盟为受人工智能和自动化影响的劳动者提供学习新知识和新技能的机会，帮助过渡转型期工人尽快找到新岗位。在 2014—2020 年期间，欧盟投入 270 亿欧元支持技能培养，其中 23 亿欧元专门用于培养数字技能，重点与私营部门合作开展数字技能培训项目。[1]

同时，欧洲投入了大量精力与资金开展电子商务与人机协作的相关研究。[2] 欧盟委员会尝试在"B to C"交易中，促进人类——人工智能的互动和合作。为了建立公平、透明的应用环境，明确保护消费者的法律要求，并便于人们使用人工智

---

[1] Artificial Intelligence for Europe. European Commission，Brussels，25. 4. 2018. COM（2018）237 final. Page12.

[2] 国务院发展研究中心国际技术经济研究所、中国电子学会、智慧芽. 人工智能全球格局：未来趋势与中国位势［M］. 北京：中国人民大学出版社，2019：111.

能，欧盟主张个人应当知悉人工智能产品的用途、性能和特征，对使用人工智能产品过程中产生的数据享有控制权，并有权知道自己是在与人类还是在与机器人交流。尤其是当个人与机器人交流时，应当知晓如何向人类求援、如何纠正操作失误、如何查看系统决定。通过这类尝试，欧盟正在充分赋能个人。

欧盟成员国也在积极行动。2018 年 9 月，德国通过《高科技战略 2025》，作为未来高科技发展的指导方针，德国政府集众多公共部门和科研机构之力，建立促进研究和创新的战略框架，以"为人研究和创新"为主题，把支持微电子、材料研究与生物技术、人工智能等领域的未来技术发展和培训与继续教育紧密衔接。2018 年 11 月，德国正式发布《德国联邦政府人工智能战略》，提出了"AI Made in Germany"（AI 德国造）的口号，将人工智能提升到国家战略高度。这份人工智能战略全面思考了人工智能对社会各领域的影响，并强调重视人工智能在中小企业的应用。[①]

除德国之外，英国也有所行动。2016 年 10 月，英国发布《机器人技术和人工智能》报告，强调在消除数字鸿沟方面应鼓励公众积极参与。加强公众参与，可以让公众更好地与人工智能科技互动，更好地理解和处理人工智能带来的社会问题，如通过辅助智能机器人技术减少人力成本急剧升高的问题。通过

---

① 国务院发展研究中心国际技术经济研究所、中国电子学会、智慧芽. 人工智能全球格局：未来趋势与中国位势 [M]. 北京：中国人民大学出版社，2019：112.

鼓励公众参与，人们对于人工智能未来更加充满信心，更有利于促进以人工智能为基础的科技发展。

英国专家们也都认为积极、负责的人工智能法规及其监管，不应局限于少数专家和利益相关者，也应多听取社会公众的意见。在人工智能政策制定过程中，应有更多的披露措施，这有利于公众了解人工智能发展带来的社会、道德和法律问题，也有利于英国建立公众对于政府的信任，同时促进先进技术更为广泛的应用。[①]

其次，跨越"技能鸿沟"，培养多元、跨学科人才。

随着人工智能受到世界各国和各科技企业的关注，欧洲对人工智能人才的需求在过去几年里也迅速增长，各大企业对经验丰富、技术娴熟特别是高学历的人工智能人才有着强烈的需求。

2011 年以来，信息和通信技术专家需求每年增长 5%，并在短短五年内迅速将总就业份额从 3% 增加到 3.7%。但是在欧洲，人工智能相关专业人员还至少有 35 万个职位空缺。[②] 这表明还是存在"技能鸿沟"，高端人才严重供应不足。为此，欧盟大力促进人工智能人才多元化、跨学科培养（如鼓励人工智能领域双学位）（见表 4-2）。

---

① 腾讯研究院等. 人工智能［M］. 北京：中国人民大学出版社，2017：434-435.

② Artificial Intelligence for Europe. European Commission, Brussels, 25.4.2018. COM（2018）237 final. Page12.

表 4-2　欧盟主要成员国人工智能人才分布

单位：人

国家	人工智能杰出人才数量	人工智能人才总量	杰出人才占比（%）
英国	1177	7998	14.7
德国	1119	9441	11.9
法国	1056	6395	16.5
意大利	987	4740	20.8
西班牙	772	4942	15.6

资料来源：清华大学中国科技政策研究中心.中国人工智能发展报告2018，2018.说明：2018年英国尚未脱欧，所以统计在列。

　　根据 Linked In 搜集整理的全球人工智能各大会议的专家数据显示，英、德两国在人工智能人才培养和建设上有着不尽相同的境况。英国一直较为重视工业发展，这导致英国人工智能教授、人才等纷纷从学术界进入工业界。在英国，只有14%的人工智能人才出席过学术会议。

　　德国则与英国相反。德国在学术界拥有大量的人工智能专家和教授，并且有近44%的人工智能人才曾出席过学术会议。[①] 为此，德国一直寻求给工业界和学术界一个共同的成长空间，加快推进人工智能商业化，并建立新型技术中心。由此可见，德国人工智能人才培育更多来源于学术界推动，而英国更多来自行业驱动。

---

① 国务院发展研究中心国际技术经济研究所、中国电子学会、智慧芽.人工智能全球格局：未来趋势与中国位势 [M].北京：中国人民大学出版社，2019：213.

除了英国和德国之外，其他国家也大力促进跨学科人才的培养。2018 年 2 月，巴黎—萨克雷大学共同体成立"DATAIA研究所"，该研究所是一所跨学科数据研究所，通过将数据科学与人文社会科学相结合的跨学科方式，培养人工智能领域人才。同年 3 月，由法国国家科学研究中心、国家信息化与自动化研究所、巴黎文理研究大学共同体以及相关企业在巴黎联合成立了"PRAIRIE 研究所"，集中法国人工智能研究学术界和企业界的力量，共同培养人工智能专业人才。[①]

除此以外，高校之间、高校与科研机构之间的紧密合作，也是促进人工智能人才快速成长的重要途径。人工智能作为新兴产业，近几年发展迅猛。要想在竞争激烈的人工智能产业中占有一席之地，各个机构之间优势互补、群体作战不失为一种很好的方式。英国依托牛津大学、剑桥大学、帝国理工大学和伦敦大学学院等高校形成"伦敦—牛津—剑桥"联盟，相互之间交流合作，使得英国拥有更为密集的教育研究资源和深厚科研底蕴，加快培养大批优秀的人工智能人才。[②]

最后，弥补"学习鸿沟（learning gap）"，推出就业择业和学校教育计划。

欧盟各国都着重强调科技人才对于人工智能进步的重要性，

① 杨进，许浙景. 法国加快人工智能领域人才培养：思路与举措［J］. 世界教育信息，2018 年第 14 期，第 9 - 10 页.

② 国务院发展研究中心国际技术经济研究所、中国电子学会、智慧芽. 人工智能全球格局：未来趋势与中国位势［M］. 北京：中国人民大学出版社，2019：222.

力图通过在学校教育阶段加大人才培养。

2018 年，欧盟在学生就业择业和学校教育政策方面推出以下举措：一是推行专门的培训和再培训计划，为受自动化威胁的专业人员提供新技术培训项目；二是监测劳动力市场变化及欧盟范围内的技能缺口并提出建议；三是为学生和毕业生提供高级数字技能培训项目；四是鼓励校企合作，吸引更多人工智能人才；五是邀请社会合作伙伴在其联合工作计划中关注人工智能及其对就业和经济的影响，以及人工智能工作岗位多元化和性别平衡的重要性；六是把人工智能融入到学校课程。[①]

英国在培育人才方面，出台相关奖励政策。政府在高等教育层面设立全额奖学金计划，满足机器人技术与自动化系统及相关领域对于科技人才的需求。德国"在高校设立 AI 专业，推出科学青年学者培养及教学计划，至少新增 100 名教授；将 AI 基础知识作为职业教育和培训教学内容；制定 AI 技术工人战略等"。[②] 2018 年 9 月，法国巴黎综合理工大学与谷歌联合开设"人工智能与高级视觉计算"教席，"设立该教席能充分发挥法国在数学和信息科学专业的教学科研优势，让法国青年一代能更好地适应未来数字化带来的变革"。法国 Enedis 电力公司为2018—2020 学年硕士生提供 3 个奖学金名额，每位学生可获得

---

① https://ec.europa.eu/digital-single-market/en/news/communication-artificial-intelligence-europe

② 李仁涵.德国人工智能战略解读［J］.中国工业和信息化，2019（04）：76.

3 万欧元资助。[①]

健全伦理和法律框架，理顺人机关系

科学技术从来都是中性的，可以造福人类，也可以危害人类。在人类发展史上，科技进步不止一次带来了伦理和法律难题。只有建立完善的人工智能伦理和法律规范，处理好机器和人类的新关系，才能更好地获得人工智能红利，让技术造福人类。

第一个方面：机器不能不讲道德。

当下科学界主流观点是机器不能不讲道德，否则，这个世界将无法想象。麻省理工学院情感计算研究组主任罗萨琳德·皮卡德教授曾说过："机器越自由，就越需要道德准则。"[②] 玛格丽特·博登也在著作中提到了"道德社区"的概念，并且表达出人类应该接受强人工智能成为道德社区成员的倾向。[③]

人工智能是一把双刃剑，既可被用来服务于个人和社会利益，也可能被滥用。因此，欧盟正在积极建立适当的伦理框架，为发展和应用人工智能创造一个良好的道德环境，实现技术创新和人权保护的平衡。

[①] 杨进、许浙景. 法国加快人工智能领域人才培养：思路与举措 [J]. 世界教育信息，2018，14：10.

[②] 国务院发展研究中心国际技术经济研究所、中国电子学会、智慧芽. 人工智能全球格局：未来趋势与中国位势 [M]. 北京：中国人民大学出版社，2019：259.

[③] ［英］玛格丽特·博登. 人工智能的本质与未来 [M]. 孙诗惠，译. 北京：中国人民大学出版社，2017：162－163.

一是建立人工智能伦理监管机构。2015年1月，考虑到人工智能发展可能带来的新问题，欧洲议会法律事务委员会（JURI）专门成立负责机器人和人工智能的工作机构，研究与机器人和人工智能相关的伦理及监管问题。2016年5月，JURI发布《就机器人民事法律规则向欧盟委员会提出立法建议的报告草案》。同年10月发布《欧盟机器人民事法律规则》，就技术、伦理、监管等事宜提出专业条文知识，以便更好地抓住人工智能发展的新机遇，应对新挑战。

英国民众表达了对于人工智能机器以何种方式进入、存储和使用保密的病人数据的关切，认为需要有效措施来保证人工智能系统使用的数据被合理地限制、管理和控制，以此来保护隐私权。为了应对这些问题，英国于2016年6月发布了《人工智能：未来决策制定的机遇与影响》的报告，全面分析了机器人技术和自动化系统带来的影响。英国正和阿兰·图灵研究所合作建立旨在研究数据科学的"数据伦理委员会"，以此来加强数据使用的审查。①

二是制定伦理守则。欧盟及成员国积极为人工智能研发和审查人员制定伦理守则，确保在整个研发和审查环节考虑人类价值，使研发的机器人符合人类利益。

英国先人一步。2016年4月，英国标准组织（BSI）发布《机器人和机器系统的伦理设计和应用指南》，迈出了"把伦理

---

① 腾讯研究院等. 人工智能［M］. 北京：中国人民大学出版社，2017：196.

价值观嵌入机器人和人工智能领域"的第一步。这为识别潜在伦理危害、机器人设计和应用提供伦理导向，并完善了不同类型机器人的安全要求。《指南》还指出，对于机器人行为，应该找到背后负责人，应该由人类对事情负责，而不是机器人。《指南》还提到机器人歧视等社会问题的出现，提醒研发企业要增进机器人对文化多样性和多元化的尊重。①

2018 年 4 月，欧盟委员会成立了由 52 位来自学界、商界与民间团体代表组成的人工智能高级专家组（High-Level Expert Group on Artificial Intelligence，AI HLEG），邀请所有利益相关方，共同探讨人工智能伦理原则的起草和制定。同年 12 月，高级专家组发布《可信赖人工智能伦理指南草案》。

2019 年 4 月，欧盟委员会发布《人工智能伦理指南》，回应了人工智能相关影响、公平、安全、社会包容、算法透明等诸多问题，提出尊重人类自治、防止伤害、公平和责任的基本伦理原则，并进一步关注人工智能对基本权利（比如隐私、尊严、消费者保护、禁止歧视等）的影响。欧盟强调，将以这些基本权利为基础，寻求与欧洲基本价值观相一致的方式，合理利用人工智能，推进负责任、可信赖人工智能的发展。同时，欧盟委员会公布了"人工智能愿景"，坚定支持欧盟各国人工智能"符合伦理"式的成长。欧盟希望在人工智能进一步发展和全面融入社会以前，对其可能存在的风险未雨绸缪，使欧洲成为先

---

① 腾讯研究院等. 人工智能［M］. 北京：中国人民大学出版社，2017：303 - 304.

进、符合伦理的人工智能的领导者。

三是重视隐私和数据保护。数据成为"流通物",各种服务就可以对其进行交易,更频繁的数据流动也就成为可能,这给数据所有权带来更多需要明确的新问题,其中就包括隐私和数据保护的问题。个人隐私与数据保护也因此成为国际社会长期以来重点关注的内容。在这方面,欧洲又迈出第一步。1973 年,瑞典颁布第一部个人数据保护法《瑞典数据法》。颁布以来,全球范围内掀起了个人信息保护立法的浪潮。

1995 年,欧盟通过《关于个人数据处理保护与自由流动指令(95/46/EC)》(简称 1995 年个人数据保护指令),这是一部欧盟区域内个人信息保护的基础性立法。欧盟各成员国依据该指令,分别出台了本国的个人信息保护法。然而日新月异的信息技术使得该指令的主要原则及制度适用变得非常不确定,导致各成员国对个人数据保护指令的理解与执行出现了较大的分歧。

2012 年 1 月,欧盟委员会发布了《有关"1995 年个人数据保护指令"的立法建议》(简称《通用数据保护条例》),对 1995 年个人数据保护指令进行全面修订。2015 年 12 月,欧洲议会、理事会、委员会三方机构在立法进程的最后阶段就欧盟数据保护改革达成一致。2016 年 4 月,欧盟三大立法机构通过《通用数据保护条例》的最终版本。

在新通过的条例中,欧盟加强了个人隐私和数据保护,其中关于用户画像等自动化决策的规定,已经对基于大数据的互联网行业实践产生了重大影响。另外在通信和互联网领域，欧盟委员会于 2017 年 1 月起，开始制定更严格的电子通信隐私监管法案《隐私与电子通信条例》，完善了保护隐私、默认保护隐私、知情同意、加密等概念标准，进一步加强对电子通信数据的保护。[①]

第二个方面：机器人应有法律地位。

一是关注自主机器人的法律地位。是否应当由人类赋予机器人权利的问题，其实质在于是否承认机器人的主体地位。早在 20 世纪五六十年代，人工智能刚刚起步之时，就有哲学家提出：把机器人看作机器还是人造生命，主要取决于人们的决定而不是科学发现。

1976 年，阿西莫夫科幻小说《机器管家》就讲述了一个自我意识觉醒的智能机器人安德鲁想要成为人类的故事。为此，他开设机器人公司，研发新的技术，使自己在生命体征上和普通人一样，甚至最后通过手术让自己的生命只剩下一年（因为机器在可预期的将来是永生的），最终获得人类的生命。

值得注意的是，这些电影情节已经进入到现实社会。2017 年 10 月，机器人索菲亚被沙特阿拉伯王国授予了公民身份，成为有史以来首个获得公民身份的机器人。[②] 这促使我们也不得不理性思考人工智能的"人权"问题：如果考虑赋予机器人

---

① 腾讯研究院等. 人工智能 [M]. 北京：中国人民大学出版社，2017：233 - 235.
② 国务院发展研究中心国际技术经济研究所、中国电子学会、智慧芽. 人工智能全球格局：未来趋势与中国位势 [M]. 北京：中国人民大学出版社，2019：266.

以法律拟制人格，就要求其能够独立自主表达相应的意思，具备独立的权利和行为能力，可以对自己的行为承担相应的法律责任。

针对机器人的法律地位问题，早在 2016 年 5 月，欧洲议会法律事务委员会就曾掀起一项动议，要求欧盟委员会把飞速发展的自动化机器人赋予"电子人"法律地位[1]，并给予这些机器人依法享有著作权、劳动权等"特定的权利与义务"。该动议还建议，为智能自动化机器人设立一个登记册，以便为这些机器人开设涵盖法律责任（包括依法缴税、享有现金交易权、领取养老金等）的资金账户。[2] 2017 年 1 月，欧洲议会法律事务委员会通过决议，要求欧盟委员会就机器人和人工智能提出立法提案。同年 2 月，欧洲议会通过了这项决议。[3]

此外，法国学者也开始思考应对机器人法律地位的解决方案。达尼埃尔·布西埃在《从人工智能到虚拟人：一个法人的突现？》一文中指出，"当人类制造的机器人能够在虚拟世界和现实世界不断学习时，它们便获得了自主性，那么人类将如何通过法律对虚拟世界加以控制？如果人造机器人就在我们身边，那么应该赋予它们何种合法权利？"正基于此，他从法理的角度提出了虚拟人的假设，将之看作是一个法律上的人造物，进而建议须根据虚拟人的特征来制定不同的法律，以便处理智能机

---

① 金东寒. 秩序的重构——人工智能与人类社会 [M]. 上海：上海大学出版社，2017：82.
② 胡裕岭. 欧盟率先提出人工智能立法动议 [J]. 检察风云，2016 年第 18 期，第 54 页.
③ 金东寒. 秩序的重构——人工智能与人类社会 [M]. 上海：上海大学出版社，2017：82.

器人和一般人类之间的纠纷与冲突。① 由此可见，不管人类能否充当这个机器人"造物主"的角色，人类已经开始思考和行动。

然而，机器人立法过程绝非一帆风顺。在主体地位方面，机器人应当被界定为自然人、法人、动物还是物体？是否需要创造新的主体类型（电子人），以便高级机器人可以享有权利、承担义务，并对其造成的损害承担责任？这些都是欧盟未来在对机器人立法时需要重点考虑的问题。②

二是明确人工智能在知识产权方面的"独立智力创造"标准。要回答人工智能创作成果是否应该受法律保护这个问题，很多人不禁想到了我们人类认为的没有独立意识的动物。2011年，印度尼西亚的一群猴子拿着英国摄影师 David Slate 的相机拍了一些照片，包括一张自拍照，这张照片被收录到了维基资源共享图库。摄影师认为猴子在拍摄的过程中自己制造拍摄场景，并把相机放到了脚架上，可以认为是有选择的拍摄过程，这张照片的版权应该归属于猴子。但是从目前各国的法律规定来看，还没有一个国家认为动物可以成为版权所有者，主要原因在于动物目前还不具备独立的智力创造能力。人工智能也是如此。

2016 年，欧盟法律事务委员会建议欧盟委员会就"与软硬件标准、代码有关的知识产权"提出一个更平衡的路径，在保护创新的同时，强化计算机或者机器人作品被纳入版权法保护

---

① 金东寒. 秩序的重构——人工智能与人类社会［M］. 上海：上海大学出版社，2017：18-19.
② 腾讯研究院等. 人工智能［M］. 北京：中国人民大学出版社，2017：260.

范畴的可能性。该委员会由此提出人工智能"独立的智力创造"的界定标准，以便明确版权归属。①

2019 年 6 月，欧盟版权法改革的主要成果《单一数字市场版权指令》生效。欧盟开始关注人工智能生成内容的版权保护，以激励和保护与人工智能相关的文学艺术作品创作。

英国在这方面也做了有益探索。对于计算机在没有人类作者参与情况下生成的作品，采取拟制作者的方式，将为创作作品付出必要投入的一方视为作者。其理由是"一些计算机程序能够在人类参与较少的情形下进行内容生成已成为现实。技术的迅猛发展对版权法能否长期适用构成挑战，版权法应具备一定的灵活性"。②

德国在人工智能创作邻接权保护方面也做了尝试。邻接权是作品传播者和作品之外劳动成果创造者对其劳动成果享有的专有权利的总称。邻接权产生原因是一些"有价值的非物质劳动成果因独创性不足而无法收到著作法的保护，但这些创造劳动成果的活动另一方面又促进了作品的传播，同时面临容易被未经许可而复制和传播的风险，需要法律进行保护"。因此，德国积极"实施'欧盟数据库指令'，赋予无独创性的数据库权利人以邻接权，保护数据库编制者和投资者的权益"。③

---

① 腾讯研究院等. 人工智能［M］. 北京：中国人民大学出版社，2017：254.
② 司晓，曹建峰. 欧盟版权法改革中的大数据与人工智能问题研究［J］. 西北工业大学学报（社会科学版）第 3 期，2019 年，第 101 页.
③ 金东寒. 秩序的重构——人工智能与人类社会［M］. 上海：上海大学出版社，2017：107 - 108.

三是评估安全和法律责任。鉴于人工智能系统复杂性以及自主决策的特点，人们需要重新审视既有的安全规则和责任规则。在这方面，欧盟委员会《人工智能白皮书》所附《关于人工智能、物联网和机器人技术安全和责任影响的报告》给出了答案：现行的产品安全法规已经支持了一个扩展的安全概念，即根据产品的用途来保护用户免受产品各种风险的影响。同时，引入新兴数字技术风险条款，提供更多的法律确定性。[①]

某些人工智能系统在其生命周期内的自主行为可能对安全造成一些影响，这可能需要新的风险评估。欧盟产品安全立法规定了在设计阶段规避错误数据风险的具体要求，建立了在使用人工智能产品和系统的整个过程中保持数据安全的机制。此外，欧洲在车联网安全标准方面也做出了努力。欧洲电信标准化协会组织开展相关车联网安全标准研究工作，关注重点聚焦于安全隐私和安全通信。[②]

人工智能、物联网和机器人等新兴技术可能会挑战法律责任框架的某些方面，并降低其有效性。因为新兴数字技术的一些特点可能使受害者难以将损害追溯到过失人身上。这大大增加了受害者成本，也意味着生产者以外的其他人的责任索赔可能难以得到证明。欧盟委员会正在尝试简化责任规则、降

---

① White Paper：On Artificial Intelligence-A European approach to excellence and trust. European Commission，Brussels，19. 2. 2020. COM（2020）65 final. Page15.

② 金东寒. 秩序的重构——人工智能与人类社会 [M]. 上海：上海大学出版社，2017：121.

低证明法律责任的复杂程度，适应人工智能应用造成损害方面的索赔。①

　　鉴于某些人工智能应用可能对公民和社会带来高风险，为确保人工智能值得信任和安全，符合欧洲价值观和规则，欧盟认为在实践中须制定可适用的法律规则，并启动高风险人工智能应用的合规性评估机制。该机制已适用于欧盟内部的大量产品，并总结出一些注意要素，如应特别考虑某些人工智能系统演变和从经验中学习的可能性，要在有关人工智能系统的整个生命周期中反复进行评估；要验证用于训练的数据，以及用于构建、测试和验证人工智能系统的相关编程和培训的方法、流程和技术等。

　　符合规定的所有相关经营者，无论公司地点如何，都须进行符合性评估。为减轻中小企业在高风险人工智能合规性评估的负担，它们可获得数字创新中心的支持，也可使用标准和专用的在线工具帮助合规实践。② 此外，对受到高风险人工智能应用负面影响的当事人，可得到有效的司法补救。而对于不符合高风险的人工智能应用，欧盟一方面调整立法适用范围，一方面设立自愿标签机制。那些不受强制性规定约束的经营者，可自愿决定是否要成为强制规定的约束对象。自愿接受规定约束的人工智能应用将获颁质量标签。这一系列措施都有助于增强

---

① White Paper: On Artificial Intelligence-A European approach to excellence and trust. European Commission, Brussels, 19. 2. 2020. COM（2020）65 final. Page15.

② 同上，Page23.

用户对人工智能系统的信任，并促进人工智能的全面推广。①

本 章 小 结

随着美国、中国在人工智能领域的强势崛起，欧洲已经在全球规模、深度学习、专利申请、金融投资等方面落后于美、中两国。在不占先机的形势下，欧洲若想突出重围，非另辟蹊径而别无他法。因此，向来有着人权传统的欧洲着重探讨人工智能的价值观，以其作为人工智能发展的"技术规范"，努力确保欧洲在人工智能领域拥有世界话语权和国际竞争力。

欧洲把人工智能发展目标设为使人们感到被人工智能赋能，而非被其威胁。如何认识欧洲价值观？可以从三个方面入手：一是哲学原点。价值观作为哲学概念，有其自身的逻辑原点。欧洲人工智能的发展，必须遵循欧洲价值观并保护欧洲公民尊严及隐私等基本权利。这就是其哲学原点。二是发展路径。价值观要想引领欧洲人工智能的发展，关键是要谋求合作。欧盟不同于美、中等实体国家，它是一个政治联盟，而且较为松散。要想聚沙成塔，非合作这剂良药不可。无论是成员国间合作，还是与私营部门合作，抑或是国际合作，都很明确地说明了这一点。三是终极命题。一项技术，特别是好的、先进的技术一

① White Paper: On Artificial Intelligence-A European approach to excellence and trust. European Commission, Brussels, 19. 2. 2020. COM（2020）65 final. Page24.

经诞生，其最终命运是要存续而不是废止，人工智能亦是如此。当更高级别的通用型人工智能和超级人工智能出现之时，人类与机器的关系会面临更多新的、未知的、一时难以解决的挑战。但这些只是促使人工智能越发完善、越发类人化的"铺路石"。人机之间可以协助、相处，机器可以享有人道主义待遇，这些都将会是不可阻挡的未来趋势。

欧洲为什么提出"以人为本"的价值观？因为欧洲向来有着人权传统。1215 年，英国贵族与国王签定《大宪章》，王权逐步受到限制。1640 年，英国资产阶级革命爆发。1689 年，英国颁布《权利法案》，以法律形式对王权进行明确制约，确立了君主立宪政体。百年之后的 1789 年，世界近代史上一次规模最大、范围最广的法国资产阶级革命，结束了法国 1000 多年的封建统治，震撼了整个欧洲大陆的封建秩序，进一步打击了欧洲封建主的统治。期间颁布纲领性文件《人权宣言》，宣布自由、财产、安全和反抗压迫是天赋不可剥夺的人权，使自由、平等、博爱等思想真正在整个欧洲生根并传播开来。历经几百年的传统积淀，天赋人权浸入到每个欧洲人的血液和骨髓之中。

欧洲如何实践自身的人工智能价值观？欧洲注重技术、人才、法律和伦理的"三轮驱动"，一如三角形特有的稳定性，攻克技术、培育人才、兼顾法理，三个要素缺一不可。一方面，延续工业和法律上的优势并继续巩固扩大；另一方面，推动人工智能在中小企业和公共部门的应用；再一方面，重视个人技能的培训和监管等。

第 5 章

人工智能与日本价值观

日本作为东亚文化圈的一个典型代表国家，在世界近代发展史中扮演了重要角色。第二次世界大战结束后，日本成为了世界第二大经济体，之后在以信息技术为特征的第三次工业革命中，尽管日本持续发力，但由于种种原因，并没有在信息产业领域取得优秀成绩。现如今，以人工智能、大数据、人机物互联、5G 等为代表的第四次工业革命的到来，日本将再次迎接新兴技术的挑战。结合之前日本在第三次工业革命中的表现，日本民族的价值观念与技术发展之间的互动依然会深刻影响未来经济和社会的发展。

封闭与独立： 独特外部文化接受模式

对于日本文化和民族特点的研究，从 1946 年美国文化人类学家鲁思·本尼迪克特创作《菊与刀》[1] 开始，一直不断在持续

---

① 鲁思·本尼迪克特. 菊与刀 [M]. 何道宽，译. 北京：北京大学出版社. 2013.

进行。本尼迪克特在书中运用文化人类学的研究方法分析了日本文化的"负恩"逻辑，并进一步一针见血地指出，日本文化是一种耻感文化，和美国的罪感文化差异极大，这为当时美国制定日本战后政策提供了非常有益的帮助。这次研究也成为文化人类学的一个重要案例，对于我们去了解日本社会的价值特点提供了有益的帮助。其后荷兰的卡瑞尔·范·沃尔夫伦在《日本的权力结构之迷》①一书中，以其30多年在日本的生活经历，全面剖析了日本极其独特的权利运行机制，把很多日本的社会问题直接陈列在大众面前。以日本独特的社会文化为主体展开分析，成为了解日本社会运行的一个重要切入点。

内旋： 不断被冲击中的日本文化

根据整理学者们现有的研究成果②③，日本传统文化的特点主要有以下三个方面：

第一个方面是在文化模式上：日本文化呈现出外在开放性与内在封闭性两种相悖的风格。这一特点在本尼迪克特的书中也有涉及，一方面，文化的对外开放性使得日本在面对外部文化时能够表现出不拘一格的进取精神；而另外一方面，内在的封闭性又使日本文化在与外界交流的情况下仍能固守自己的传统，

---

① ［荷］卡瑞尔·范·沃尔夫伦. 日本权力结构之谜［M］. 任颂华，译. 北京：中信出版社. 2020.

② 接培柱. 日本文化的特征及其形成［J］. 齐鲁学刊，1992（06）：72 - 78.

③ 黄华. 论日本文化二元特征及其成因［J］. 重庆工商大学学报（社会科学版），2007（04）：128 - 131.

不会轻易改变自己。这两者似乎是一种矛盾，但日本在这种矛盾与冲突中形成了一条特殊的衡量标准，以自己对优秀文化的评判，使得日本在近代历史中实现了多次快速发展。

第二个方面是在文化心态上：日本文化自卑感与优越感并存。这一特点也是日本耻感文化的重要表现方面，自卑感和优越感并存的状况，主要是源于日本特殊的海岛地理和历史发展，并深刻地影响着日本社会的各个方面。一方面，文化自卑感使得日本能够放下姿态，积极吸收外来优秀文化，比如日本语言中的中国元素和西方词汇；另外一方面，文化优越感又形成了日本特殊的职业素养和企业文化，比如日本社会的工匠精神，他们出于对职业的敬畏与热爱，对生产产品有着完美与极致的追求，同时特别注重传统上的传承，以保持自己职业高标准发展。

第三个方面是在文化规范上：内聚性和排他性兼有。日本文化优越感和自卑感并存的特点，使其文化规范保持了内聚和排他两种特性。内聚性表现为日本的集体观念非常强烈，这种集体观念使得日本人非常注重团体内部的秩序感，进而衍生出在个人生活交往中不给别人添麻烦的责任习惯。从最终结果来看，内聚性在日本社会表现出强烈集体观念与个人独立两种态度。而排他性则表现为其对非本土文化和事物的排斥，这种排斥与前文提到的开放性和封闭性是相呼应的，他们代表国家或集团展现出了开放性，但其个人内在却表现为一种排斥或者抵触，以保持自己的独立。在日本整个社会中表现得更加明显，正如前文所提到，日本形成了一条特殊的衡量标准，这个标准取决于产生外来文化的主体地位是否优越，主体是否优越决定了日本对其采取开放或者封闭的态度。这也是日本耻感文化的一个外面展现，对于优越的主体，日本选择尊重对方并采取开放的态度学习其文化，反之则保持优越感以封闭态度来对待，日本在尊严与实力中取得了平衡。回到社会生活中，一方面内聚性使得日本集团主义的根深蒂固，而另外一方面的封闭性则导致日本对内在等级制度的尊崇，人们安于做好自己的本职工作，缺乏去挑战强势主体的主动性。

从上述几个特点来看，日本文化与同为东亚文化的中国传统文化有着非常明显的区别。长期以来，日本文化是典型的混合文化，在优势文化目前具有很强学习能力和接受性，有着自我约束感极强集体主义。同时，日本文化是弱基因文化（没有自生的文化为主导），缺少去改革创新和挑战权威的文化基因，因此很少在世界文化进步的潮流中带头创新。另外也有学者对此做出了分析，认为日本这种文化接收模式，体现的是一种外来文化工具化心态，一方面使得日本文化表现出庸俗化、表面化倾向，另一方面也影响了它的文化前途，因为日本文化在学习过程中，冷淡了中国文化中最重要的"仁"和西方文化中最重要的"思辩理性"，学习到了外表，却没有学到中西文化中最精华、最根本的东西。①

---

① 郭强. 试论日本文化的复合性 [J]. 云南师范大学学报（哲学社会科学版），1996（02）: 68 - 73.

在对日本文化特点讨论中，有学者们认为日本文化能够实现各类外来文化与本土文化平衡，主要来源于日本特殊的文化内旋模式。因为日本是一个岛国，处于东亚文化发展的边缘，在这个文化内旋模型中，原本日本人的生活是独立发展的，但在其独立发展中不断地受到周边外来文化的冲击，于是处在边缘地带的日本人在历史发展中，通过不断地吸收融合外来文化，丰富和发展了自己的文化，并最终形成了这种内旋式的文化吸收模式。这种内旋模式与其处于文化边缘的状态相对应。在外来文化进入之后，本土文化吸收其中的优秀部分，对自己的部分进行改良，这种方式帮助在日本历史发展受益而逐步形成并巩固。这在古代日本吸引古代中国传统中原文化和明治维新之后吸引西方文化时最为明显。内旋式的文化吸收模式完全不同于中国的传统文化和西方文明。中原文化在面对新文化时，更多地是吸引有利于国家和社会发展的部分并将其融合，这个类似于佛教文化传入中原之后发展出来的汉传佛教；西方文化更加强调自己的主导性，对于外来文化更多地以对抗形式，这种冲突一直延续到现在，依然成为很多地方动荡的主要原因。而日本这种文化相对比较特殊，沃尔夫伦在《日本的权力结构之迷》之中是这样描述的，"日本对宗教总是表现出很大宽容，这种观点虽然广为人所接受，不过也只有在新的宗教或信仰体系不会对现有的政治安排造成威胁的时候才适用"，这也能够看出日本文化宽容性与封闭性是区别于中国和西方的。

需要强调的是文化内旋模式使得日本形成了现在的文化心

态和文化模式。日本文化在面对更高层次文明时，它表现为文化内旋的吸收状态，而日本本身处于高层次发展时，则表现出一种文化展现的状态。这个特点一方面使日本文化在其发展中获得了大幅度的跃进，另一方面又使其保留了固有的文化传统。这也是日本能处理好传统文化与外来文化结合的原因之一。在日本历史发展中，越是快速发展的时候，传统文化就越是突出，例如日本在第一次世界大战前后发展为世界五强，此时在文化传统上，日本却开始大幅度地从西欧文化回归东洋文化，这也代表了日本开始展现出自己的文化特点。二战后，日本受到西方文化的大改造，但日本在吸收西方先进文化实现自身快速发展同时，又逐步开始复活本民族的文化传统。相对于日本明治维新与二战战败后的社会改造中的西化潮流，这两次日本本土文化潮流展现出的日本对外来文化的态度，面对强势文化能够全面接受，而自身发展之后再重新评估，进行文化修正。正是这种文化模式的特点，表现出明显的弊病，就是对于强势外来文化的接受缺少完整的本土化，带来两者的潜在冲突。在第三次工业革命兴起之时，也正是日本发展最迅猛之时，此时的日本因为经济的成功而树立了文化自信心，在一定程度上，使得日本在面对新的信息革命冲击时，这种内旋吸收的模式并没有发挥出明显作用，日本的文化的封闭性使得整个社会错失了一次快速发展的机遇。

这种对外来文化的处理模式对日本传统文化的发展影响是巨大的。一方面日本文化在没有外来文化进入时，表现出封闭性、优越性、排他性；而另外一个方面，当日本文化受到外来领先技术的冲击时，日本文化又会根据自身的发展水平来确定其对待的方式，是文化吸收还是保持自身的优越感。所以在面对第四次工业革命之时，日本社会以何种姿态来面对，将决定日本在这次浪潮中的发展水平。

隐忍：　不给别人添加麻烦的责任感教育

稍微熟悉日本的人都会明显地感觉到日本是一个非常有秩序感的社会。这种秩序感主要是源于日本社会不给别人添麻烦的社会性的教育规则。而这个规则也是在日本的文化规范等多种原因的影响之下形成的。

不愿意添麻烦的责任感教育，是日本文化排外性在个人身上的体现。日本作家黑泽明在他的作品《蛤蟆的油：黑泽明自传》中提到："我们日本人，接受了把看重自我视为恶行，以抛弃自我作为良知的教育，而且习惯于接受这种教育，甚至毫不怀疑"。这种特有的责任感教育让日本社会呈现出了一种极度自制文明状态，而这种极度自制的状态，就造就了日本特有的隐忍文化。这种文化最为我们所熟知的就是日本的武士道精神。本尼迪克特创作《菊与刀》中也将这种武士道精神作为日本的一种显著性格进行了论述。同样在留日医学博士阿溟所著的《真实的日本》一书中，作者解读日本的武士道精神堪称民族性，他提到，与中国人带着血海深仇看武士道是阴险、狡猾和残忍不一样，在西方人眼中，武士道精神最大特点是对负伤的隐忍，无论肉体或是精神的。即使是遇到该流泪的场合，要求人微笑着去面对，使人的情感内敛而不见于形色。这种以极度克制自我的文化现象深入到了日本社会的方方面面。同样在面对第四次工业革命时，隐忍文化对新技术的价值影响也是巨大的。

首先从积极方面来看，隐忍文化减少第四次工业革命在推行中的压力。如果第四次工业革命带来的文化冲击并没有能够动摇日本社会的正常生活模式，那么隐忍文化能够极大减少社会中的技术抗拒力量。特别是国家在给予第四次工业革命以一种推崇的地位时，因为公众相信技术对于国家发展的重要作用，日本社会会因为隐忍文化而承受技术变革所带来的负面效果，这是日本文化在迎接第四次工业革命变革中最为积极有力的方面。但隐忍的文化并非无限度，通常来讲，这种牺牲必须是短期的剧烈变化，且这种牺牲是有社会承认进行背书的。从这一点上来说，如果第四次工业革命在日本能够轰轰烈烈展开，并且日本社会能够认同个人的牺牲，从日本隐忍的性格来说，很多个人或群体能够做出牺牲来配合技术的革新。

还有一个积极的方面就是日本的宅文化。因为日本隐忍的文化的影响，现在日本社会诞生出一种宅文化，这种宅文化标志着躲避社交，避免给别人添麻烦，能够自给的生存。随着第四次工业革命的到来，人工智能能够帮助人们在未来实现一种智能化的生活，能够有效减少人们日常事务性的社会交往活动。宅文化在这种智能化技术的帮助下，将更加便捷和有趣，也产生出了对新技术的需求。

从消极的方面来看，因为日本对于新的革命所带来的麻烦而恐惧，可能会丧失在技术创新上的积极性。回顾 20 世纪末，日本面对第三次工业革命时所表现出对创新文化的傲慢，一定程度上导致日本在第三次工业革命时就没有突出的表现，日本的内旋文化吸收模式使得经济发展形势不错的日本更愿意接受传统文化的传承，而缺少了变革的动力。再结合日本对秩序感的尊崇和等级制的生活工作状态，外面世界的技术在发生天翻地覆的变化时，日本的隐忍文化只会给日本技术革新带来一种可见的滞后感，等级制更是决定这种变革在更多情况下，只能是自上而下的，社会的底层创新被隐忍文化所压制。

可以想象，日本社会这种不给别人添麻烦的状态，在面临新技术革命冲击的状态下可能会呈现出两种分化。第一种分化是因为隐忍而选择拒绝，他们不愿意技术创新给自己或别人带来麻烦，这也是日本人在面对新事物的时候，常常以拒绝改变来避免打破现有稳定平和的状态，新事物的不确定性是否会带来不便是无法评估的，而不改变所付出的代价是最少的。所以不愿意给别人添麻烦，而愿意保持自己传统生活的一个惯性无疑将是这部分人的选择。第二种分化是因为国家对新技术的极力推动，日本国民也意识到这种技术革新对于国家发展的巨大推动作用，而愿意牺牲自我，承受整个技术革新之中所带来的麻烦。而且随着日本老龄化的日益严重，劳动力的缺失是日本面临的最大问题，新技术革命因为能够减少劳动力需要，必然会得到一部分人的极大支持。

综合来看，隐忍文化作为日本普遍的一种民族特性，对于第四次工业革命在日本发展有着极大的影响，这种影响取决于隐忍文化是在接受技术革新还是在抵制技术变革。而且这种影响能够改变日本文化对于第四次工业革命的整体接受程度，这将决定日本政府如何确定第四次工业革命的战略定位，这也将最终决定日本未来技术革命中的表现。

价值选择：新技术的发展与社会困境

日本在过去几十年里，经济有了快速的增长，并且在一段时间内长期处于世界第二大经济体的地位，整个国家的工业体系已经形成，并且在世界上占据了领先地位。同时日本的人工智能研究开始得很早，早在 1970 年代，有日本机器人之父之称的早稻田大学教授加藤一郎就开始研发人工肌肉驱动之下的下肢机器人。目前日本机器人制造发展非常领先，机器人产业占国家经济增长的比重远超过其他国家，拥有着世界上数量最大的机器人用户、机器人设备及服务生产商。随着国际社会对人工智能技术研究的重视，日本政府近些年来也非常重视人工智能的发展，不仅将人工智能、物联网和机器人视为第四次工业革命的核心，还在国家层面建立了相对完整的研发促进机制。新时期，日本在面临以人工智能为代表的第四次工业革命的冲击时，对于已经陷入经济增长低迷的日本来说是不得不抓住的一次机会。

创新： 技术引进与转向"科技立国"

二战后，日本无论是国家政治还是经济发展、科学技术，都远远落后于欧美国家。这也迫使日本必须形成自己的创新模式，实现在国际市场上的突破。

"日本模式"的经济发展是通过"模仿再创新"的路径形成的，这也是很多国家利用技术上的后发优势实现经济发展。通常经济学上后发效应是指后进国家借鉴和利用先进工业国家经过反复探索、经历挫折失败、付出巨大代价而获得的先进技术和经验，迅速追赶先进国家的一种捷径。日本内旋式的文化吸收模式在这一次经济发展过程中得到完整体现。经过二战后西方社会的大改造，日本对于西方文化产生一种仰视感，所以在日本自身求发展遇阻的情况之下，日本迅速改变战略，引进国外技术，另辟蹊径。

战后初期，日本曾经重视自主开发技术，在黑白电视机工业、参变管（parametron）技术、半导体技术等方面也取得了不错的成绩，但最后在自主开发技术和引进技术的较量中，几乎都是以自主开发的失败、外部引进的成功而告终。日本逐步意识到，从国外引进先进技术，具有避免失败的风险、减轻研发的经济负担、缩短掌握新技术的时间等诸多优势。① 经过反复

---

① 孔凡静."日本模式"的核心与政府干预［J］. 日本学刊，2009（02）：99 - 110.

摸索，日本最终形成了一条以引进外国先进技术为主导的技术革新之路。从 1956 年开始，日本技术革新的重点明显倾向于从外部引进技术和先进的经营理念，并与本国传统的经营理念相结合，形成符合日本国情、满足经济发展需求的模式。经营革新与技术革新一道成为经济高速增长快车的"两个车轮"，两者共同成为了"日本模式"与发挥"后发效应"的重要组成部分。到 1965 年，除部分尖端技术外，日本对主要先进生产技术均已实现引进，其产业结构和出口结构也呈现重化工业化的倾向；1971 年，日本机床工业的对外贸易也从长期逆差转为顺差，这标志着日本先进设备的国产化进入新阶段，基本实现了现代化。与此同时，日本也意识到继续依靠从外部引进技术越来越难，要维持领先地位，必须在继续引进尖端技术的同时，吸收、消化并不断改良引进的技术，日本逐步实现了产品的自主创新，在若干个领域也超过并优于欧美国家。

之后日本在面临第三次工业革命时，却遭遇了创新的失败。进入 20 世纪 80 年代，日本政府为了继续巩固其世界经济大国的地位，依据国际国内经济形势的变化，开始重新调整其科技发展战略，提出了"科技立国"的战略口号。其标志是 1980 年日本通产省发表了《80 年代通商产业政策展望》，其整个内容是与技术政策紧密关联而展开的，其中第六章以"走向技术立国"为标题，从而成为第一次正式提出"科技立国"战略方针的政府文件。同年 10 月日本科学技术厅公布的《科技白皮书》中再次明确提出了"科技立国"战略。日本"科技立国"战略的提出，标志着日本战后长期以来所推行的引进、消化、模仿这一"吸收型"科技战略时代的结束，开始步入以高科技带动经济增长的时代。

日本在进入 20 世纪 80 年代之后，经济已经居于世界领先地位，同时取代美国成为世界上最大的债权国，日本制造的产品充斥全球。当时日本经济发展过热，日元升值可以帮助日本拓展海外市场，也正是在这种情况之下，日本等国与美国签订了标志"日本模式"的转折点的"广场协议"。从此日本经济由于房地产泡沫陷入了低迷。在这种情况之下，支持日本经济保持发展的主要力量依然是在过去实现了技术优势的传统产业，这使得日本对于本国传统产业有了一种特殊的情感，生活中日本人对本国产品的特殊青睐也是一种间接的体现。这特别归功于日本政府提出并有效地实施了"科技立国"战略，使日本成为仅次于美国的世界第二科技大国。在短短的十几年中取得如此大的科技成就，完全得力于日本在推行"科技立国"战略过程中所采取的科技政策，有效地巩固了之前发展中的产业成果。

回归到日本的创新政策，在科技发展中，民营企业占主体地位。在日本全国的科研经费中，民营企业支出的部分一直保持着较高的比例。例如，从 1960 年度到 1990 年度，全国的研究经费增长了 65.6 倍，其中企业研究经费增长 74.5 倍，大学研究经费增长 45.9 倍，政府研究经费增长 6.2 倍。上述数字不仅表明日本全国科研经费增长之快，而且表明民营企业的研究经费增长速度大大超过大学与政府研究机构。又如 1993 年民营企业科研经费支出部分占 78.4%，政府支出部分占 21.6%。日本民营企业支出的科研经费在全国科研经费中所占的比例约为欧美国家的 1.2～1.4 倍。这是日本民营企业在科技研究中占主体地位的一个最有说服力的例子。但随着日本经济低迷，90 年代以后，日本企业更注意将有限的研究经费与人力集中到应用和开发研究领域中。

从上述历史过程来看日本的创新，可以看出日本的过去创新表现出两个特点。第一个特点是日本善于利用技术后发优势形成产业发展优势。这个主要表现在面对第三次工业革命时，日本非常善于积极吸收外来优秀技术，迅速整合成自身的产业优势；另外能够积极利用技术成果，提升企业的产品竞争力，实现技术的领先优势，帮助本国经济实现快速发展。第二个特点则是日本在突破性创新上缺少爆发点。在 20 世纪后 20 年之中，互联网经济快速兴起，美国和中国等国家产生出了很多新的互联网巨头企业，但日本却鲜有互联网企业出现，而传统企业也在这次互联网浪潮中丧失了很多优势和机遇。

总体看来，日本技术创新模式与日本文化内旋接收模式也有一定关联，企业能够将外部有利的信息迅速整合成本国优势，同时利用自身的特点迅速完成整合，这是其优势。但同时优势产业一旦形成，就会对新兴产业有一定排斥性，丧失了部分行业优势，这却成为了这种创新模式的一个劣势。日本因为过去技术发展模式，在技术发展上形成了严重路径依赖，使得企业在技术发展上更加偏重应用研究以便于经济效益的提升，而在新兴领域和技术创新上缺少动力。当下，所有国家和企业都已经开始了人才及专利的抢夺，传统技术的后发优势在行业的快速发展之下几近消亡，缺少相关行业规范的新兴优势企业，产生的马太效应却不断在被放大。在面对第四次工业革命浪潮时，日本对于过去传统创新模式的依赖将再次掣肘日本新技术发展。

针对第四次工业革命的冲击，日本政府在《日本再兴战略2016》中，明确提出实现第四次工业革命的具体措施，通过设立"人工智能战略会议"，从产学官相结合的战略高度来推进人工智能的研发和应用。日本政府在 2016 年 1 月颁布的《第 5 期科学技术基本计划》中，提出了超智能社会 5.0 战略，认为超智能社会是继狩猎社会、农耕社会、工业社会、信息社会之后，又一新的社会形态，也是虚拟空间与现实空间高度融合的社会形态，同时将人工智能作为实现超智能社会 5.0 的核心。

日本政府和企业界开始高度重视人工智能的发展，一方面将物联网、人工智能和机器人作为第四次工业革命的核心，还在国家层面建立了相对完整的研发促进机制，并将 2017 年确定为人工智能元年。希望通过大力发展人工智能，保持并扩大其在汽车、机器人等领域的技术优势，逐步解决人口老化、劳动力短缺、医疗及养老等社会问题，扎实推进超智能社会 5.0 建设。

同时在日本 2019 年度预算概要中，科学技术领域较 2018 年度增长 13.3%，达到 4.351 万亿日元。人工智能开发和人才培养等将是预算中的一个重要部分，其中在培养人工智能人才方面的预算约为 133 亿日元。根据日本国内数据统计，2018 年日本政府年度预算案中人工智能相关预算总额约为 770 亿日元，但投入还不到美国和中国的两成，日本政府与企业的投入仍然有极大的发展空间。

日本目前的第四次工业革命布局可以概括为以下两个方面。首先，日本非常注重顶层设计与战略引导。日本已经将人工智能作为日本超智能社会 5.0 建设的核心，在此基础上，日本政府强化体制机制建设、政府引导、市场化运作。采取总务省、文部科学省、经济产业省三方协作，以及产学官协作模式，分工合作联合推进。其次，日本充分利用现有的产业优势进行技术升级。无论是社会 5.0，还是机器人战略，以及人工智能的布局，都是立足日本自身产业优势，日本企业的产业强项在汽车、机器人、医疗等领域，其人工智能研发也重点聚焦于这些领域。并且结合社会对老龄化社会健康及护理等对智能机器人的市场需求，以及超智能社会 5.0 建设等为主要拉动力，突出以硬件带软件、以创新社会需求带产业等特点，针对性非常强，充分突显企业商业化应用的主色调。

从这个角度上来看，对于第四次工业革命的变化，日本政府和企业高层都充分意识到了这一次人工智能对于经济实现腾飞的重要作用，而且日本在这方面也有相当的历史积累。从客观条件上看，日本对于第四次工业革命的应对明显要比在面对第三次工业革命时要更加从容得多，但是面临的问题依然存在，国家面对完全崭新的产业浪潮时，并没有完整的成功经验。所以，打破创新路径依赖应该成为日本在第四次工业革命时必须重点解决的问题，日本需要去考量如何从过去成功或者失败的经验之中找出面对第四次工业革命时所应该采取的新的技术创新路径。

共享： 隐私保护与技术的边界

日本对隐私的保护是远超过其他国家的，就像他们不喜欢麻烦别人一样，他们排斥人与人之间的依存关系，厌恶依赖心理。如此敬而远之的相处之道，就形成了日本社会最大的隐私保护。不仅仅是个人隐私方面，同样日本还有一种群体隐私保护，这对于社会经济的影响更为显著①。日本的群体隐私是非常特殊的，在家庭里面强调家丑不可外扬，在公司集团内部讲究以和为贵，员工的日常社交活动全部集中于会社的内部，尽量减少与外部人员的交流沟通。这种特殊的隐私文化对于第四次工业革命来说影响也是非常巨大的。

第四次工业革命所需的智能化环境需要更多可以共享的社会资源。或者说人工智能在未来需要依赖共享模式的存在。因为高度智能化的社会想要降低社会成本就需要提高现有社会资源的使用效率，共享与智能化生活相辅而生。智能化也包括了很多共享的元素。一方面是产品共享，包括了共享汽车这类生活用品，另外一方面是则是大数据分析中的社会数据共享。

---

① 崔继华，陈磊. 日本人隐私观探析［J］. 常州大学学报（社会科学版），2011，12（04）：32-35.

其中一个典型的案例是日本共享经济产业的发展。在前一段时间，整个共享经济风靡全球，之后却又戛然而止，日本的共享经济却凭借其优质的服务和高素质的用户群延续了下来，"租赁"是共享的核心，从日本房屋租赁到服装物品租赁再到技能租赁，已经形成了较为完整的共享模式，这也使得日本在共享经济的某些方面有了一些独特的成就。从客观上讲，因为日本岛国特殊的地理环境，共享资源能够有效地提升资源的使用效率，日本的共享经济可能会有非常大的社会需求，但现实中却并非如此。这就是因为日本社会隐私文化对日本的影响，带着一种文化上的抵触。

首先是共享经济必须面对的老龄化社会所带来的问题。智能化是一种新兴事物，需要社会对创新有着极大的接受度，但这却一直是处于文化内旋的日本社会所欠缺的。以智能化手机为例，在全球智能终端如此普及的情况下，日本依然有很大一批人在使用着功能机。导致这个现象的原因是多方面的，但不可否认造成这种现象的很大一个原因就是日本已经严重老龄化的人口结构，老龄化的社会对接收新生事物有着一定的学习成本，这就阻碍了一些新技术在日本的发展和普及。之前也有很多媒体的调查，日本智能手机在中老年年龄层中的应用并不广泛，非智能手机在日本还有非常大的市场。其中很大一部分原因就是因为智能手机学习成本高，而且不符合日本人不给别人添麻烦的习惯。同时老人对生活要求并不像年轻人一样追求新奇，传统保守的生活状态也使得他们更倾向于拒绝变化。

另外一方面就是日本对隐私信息的高度重视。共享产业的发展离不开大数据的支撑，这就需要企业获取消费者的部分信息，这对于高度重视个人隐私生活的日本人来说是一道难关。曾经有报道称日本人很大一方面拒绝智能手机，就是因为智能手机会暴露很多个人隐私，所以遭受到相当一部分人的抵制。隐私信息的保护，不仅仅局限于共享经济，同时也适用于新技术革命中的一系列技术，人工智能、物联网都涉及个人信息，这种应用对于日本人来说可能是一个非常巨大的问题。数据保护和标准化管理是日本人工智能政策制定的重要方面，很大一部分也是源于这方面的考虑。

机器人作为人工智能研究的一个重要方面，在日本发展得特别好。首先日本因起步较早，积累了一定的机器人产业人才，而且因为机器人非常符合日本人的生活习惯和文化模式，所以机器人产业占国家经济增长的比重远远超过其他国家，日本目前拥有着世界上数量最大的机器人用户、机器人设备及服务生产商。从日本发布的国家层面的人工智能战略、产业化路线图中也可以看出，日本也试图结合机械制造及机器人技术方面的强大优势，推动超智能社会 5.0 建设，立足自身优势，确立人工智能、物联网、大数据三大领域联动，机器人、汽车、医疗等三大智能化产品引导，突出硬件带软件，以逐步改善人口老龄化所带来的劳动力短缺、养老等社会问题。

结合上面几个特点来看，日本价值观念受到最大的冲击依然是日本社会对信息隐私保护方面的顾虑。这种顾虑一方面是由于老龄化社会对于新生事物的不确定感，也是新技术带来的风险。换个角度来看，老龄化的问题和隐私保护的问题同样是需要用新技术来解决和维护的，保持原来的状态是无益于问题的解决。技术发展可以很大程度上缓解日本现存的社会问题，但这种价值评价标准的变化受到的阻力会比智能手机所产生的影响更大。日本社会高度重视隐私保护，乃至很多日本民众依然拒绝互联网产品，导致很多依赖于大数据分析的行业在日本缺少了最基础的数据和硬件支持。传统观念与新技术发展的冲突在日本显得尤其突出，也成为未来日本文化价值观念的突破点之一。

文化锚点： 传统与创新之间的羁绊

日本二战之后，经过十年的恢复，从 1955 年开始经济由战后复兴期进入高速成长期。日本在 50 年代至 60 年代末约 20 年的高速成长期中，保持了年均 10% 以上的经济快速发展。从1978 年到 2009 年之间 GDP 总量一直保持着世界第二大经济体的地位。日本作为一个东亚文化圈重要部分，因为其不同的地理环境和历史发展，也形成了自己独特的价值文化追求。这种文化模式非常注重集团观念，其中就包括了集团主义、人本主义、平等主义、竞争原则及和谐原则等几个重要部分。在面对第四次工业革命冲击之时，早已深入人心的文化对未来新技术的发展也会有一些特殊的影响。

公平：　集团主义下的平等文化

日本一般被认为是集团主义社会，是因为一般的日本人，对自己所属的集团与组织，具有强烈的忠诚心，团体的成员互相扶持，与集团形成一体感，视集团的利害为自身的利害，并且伴随集团主义的是团体等级制。集体观念是日本文化内聚性的一个体现。内聚性使得集体主义盛行，同时集体内部的秩序感需要，使得集体内容形成了一种特殊的平等主义文化。

平等文化是日本社会特有的一种现象，并且平等主义追求的是结果平等而不是机会均等，完全区别于西方社会的观念。这种文化也就催生出了日本企业特有的终身雇佣制。平等文化的好处是使得日本有着非常良好的守秩序的习惯，人们在何时何地都会非常注重这种秩序感。最显著的行为就是日本的排队现象，在任何地方任何时间，日本社会都会非常有秩序地排队解决问题。这种文化甚至深入到了企业内部，团体会认可每一位集体内部成员，企业薪资的评定不以员工的能力为衡量标准，而是以年限和资历来衡量员工的价值，在这种薪资制度之下，所有人的未来收益都是平等的。

长期以来日本人的生活和工作都处于这种文化氛围之中，并且在过去几十年内也实现了经济的快速发展和生活水平的高质量提升。相对来说非常保守和稳定的工作状态，对于日本企业在工艺和技术革新方面就是极大的助力，这也使日本能够产生出一种"工匠文化"。工匠文化突显出的是对于自己岗位的职业操守和负责态度。企业员工不需要担心自己在企业中的发展，专注于岗位本身的工艺提升。日本采取的终身雇佣制也与专注于技术的职业价值观念相辅相成。所以说，平等主义是贯穿于日本整个社会和企业的一种特别文化。这种文化对于第四次工业革命的影响也将是极其深远的。

首先从积极方面看，人工智能的发展能够最大程度地减少人类的重复性体力劳动和资源使用的不平衡。从国家发展和社会需要的角度上看，人工智能在日本有着广阔的应用前景。

一方面是减少对人工劳动力的需要。因为日本已经是一个老龄化国家，劳动人口已经无法有效满足日本社会的需要。这个其实从日本机器人行业的发展已经可以看出，日本机器人的先进性也在于有效减少对人工劳动力的需要。这种自动化的机器或者智能机器人的出现，已经有效地减少了工作岗位之间的不平等，人们不用再纠结于工作环境的恶劣和工作内容的简单重复，人可以更加匹配到需要主观能动性的岗位上。另外一方面就是资源的管理上。日本是一个岛国，资源和能源相对比较匮乏，智能化能够有效提升资源使用效率，有效地提升城市的智能化管理程度。对于一个资源匮乏的城市，资源的使用效率可以得到更加有效的提升，日本本身的智慧城市建设也是属于世界领先地位的，在日本，丰田、松下、日立、东芝、三井不动产等民营企业都对智慧城市概念很感兴趣，同时也都着手智慧城市的创建和探索。例如松下电器在藤泽市打造可持续智慧城市、丰田汽车在丰田市创建智能低碳示范小区，以及三井不动产打造的柏之叶智慧城市等等。这也可以看出，日本社会已经充分认识到第四次工业革命对日本的积极作用。

　　从消极的一方面来看，平等主义对人工智能的发展有消极的影响。这种影响主要在于人工智能对于传统社会结构的冲击，这种冲击会破坏现有的一些企业结构。首先平等主义会阻碍因人工智能的应用产生人员淘汰。日本企业的终身雇佣制在世界上是独一无二的。人工智能的应用必然有大量的传统岗位被淘汰，人员离岗离职是无可避免，但这在终身雇佣制的企业却是不可接受的。替换产生出的社会成本必须由企业和个人来承担，而文化中对平等主义的破坏却很难修复，或者说很难接受的。另外就是企业内部的职级评定也会遇到极大的问题，主要表现在人与人之间的能力衡量无法再依靠传统资历来衡量。资历的因素被极大地弱化，对于新技术的掌握成为衡量岗位能力的重要标准。由于人工智能的应用，对于智能设备及机器编程方式的技术大大超过以前，而在具体工艺操作上的技术要求和经验要求在部分岗位上会大大降低。由此传统集团内部的价值标准被动摇，动摇的范围和强度会一直持续到人工智能的全面应用之后，可能会持续一至两代人的时间。

　　另一方面，在于平等主义对于人工智能带来的不平等的抗拒。一些新的机会和危机都会动摇原来的社会结构。在历史过程中，往往伴随着各类贸易冲突、甚至是战争的风险。而对于特别注重秩序感和平等主义的日本社会来说，这种冲击也是很难得到社会的认同。所以说对于普通民众来讲，就极大地增加了他们接受的难度，但这种变化无疑是大趋势，而且这种抗拒也只是不被历史所描述的一个过渡期，抗拒心也很容易导致日本错失第四次工业革命的发展良机，这时借用李兆忠在《暧昧的日本人》中所提到的："日本人好比一群小鱼，它们有秩序地沿着一个方向游着。一块石头投入水中，打乱了队形，使他们突然掉头，朝相反的方向游去，然而队伍依然是井然有序的。"秩序性的破坏终将恢复，这是日本的文化模式所决定的，但这种平衡的破坏必然影响日本传统价值观念。

目前，日本已经开始重新培养新型人才，开始尝试摆脱过去传统劳动年限评价的旧机制，可以说日本社会目前也在尝试做各类积极的探索，试图摆脱过去文化中的一些制约因素。比如说，如何重新用公平来定义平等主义成为日本在人工智能发展中的重要命题。

忠诚： 社会主体的角色定位

二战后的日本，百废待兴。在当时的历史条件下，日本最亟待积极发展以先进技术为基础的重化工业，从而实现"追赶型现代化"。这就需要投入庞大的经济资源，也需要承担巨大的经济风险，就企业的个体体量而言是不能胜任的，如果按照市场经济的自发调节规律，这些政策是不可能的实现的。日本政府在这种形势下，采取各种各样的扶持手段，最终形成了极具日本特色的强政府干预下产业政策。凭借在资本主义市场经济条件下实施"极其彻底"的政府干预，实现了高速追赶欧美的历史目标。特别是 20 世纪 50 年代到 70 年代初，日本的实际国民生产总值以年均 10% 左右的速度递增，劳动力的再生产远远赶不上物质再生产迅速扩大的需要。劳动力不足、人才紧缺成为当时日本企业面临的最大问题。在这种背景下，企业为了稳定熟练工人队伍，防止工人"跳槽"，普遍实行了"年功序列工资制"。在这个背景下，日本松下公司松下幸之助提出了企业的终身雇佣制，并迅速在日本社会得以推广。这也成为战后日本经济的复兴和高速发展的一大助力。终身雇佣制、年功序列工资制和企业工会，构成了日本现代企业经营管理不可缺少的三个有力支柱。然而如果透过这种制度的外表，埋在其深层的却是集团主义的经营思想。这种集体主义的管理方式在日常化的企业管理中，极大增加企业人员的稳定性，同时也能促使企业员工更加注重工艺和技术经验的积累。

日本的终身雇佣制可以说是日本忠诚文化的一个体现。因为国家制度的推动，社会也形成了特有的保险制度和道德制度来与终身雇佣制相匹配。忠诚文化也是在日本多种文化因素与特殊企业制度的相结合后一种必然职业价值。随着人工智能的广泛应用，日本现在有企业制度和忠诚文化也会受到一定的影响。这种影响主要表现在以下几个方面：

首先是传统行业的转型与衰落。首先在市场经济条件之下，经济发展是有周期性的，这种周期性表现在行业收益和发展的波动，对于有长期稳定需求的企业来说，这种波动的影响是企业完全可以接受的。但是由于新科技革命的干预，一些传统行业面临的不再是波动，而是转化成为了没有发展前途的夕阳产业，终身雇佣制在这方面就将遇到极大的社会成本。显而易见，每一次工业革命都会带来巨大的产业变化，比如第三次工业革命中崛起的各类互联网科技公司，在第四次工业革命中，机器人和人工智能的结合，很多技术蓝领也将大面临技术更新。在经济利益与传统终身雇佣制之间，必然会对企业、职工对忠诚文化产生更多更深刻的思考。

其次是新技术对新型人才的需要。在新的产业革命之中，新型人才是决定产业革命发展的一个重要决定因素。在终身雇佣制中，大学生从学校毕业就走向了从事一生的职业，这种情境之下，新型人才的招募对公司，和对优秀人才的发展都是非常不利的。并且日本在第三次产业革命之中，并没有像其他国家那样，利用自己的经济优势发展出一大批优秀的互联网科技公司，导致整个日本社会缺少了创新人才流动的制度基础。

最后就是日本企业对于自身业务的专注与忠诚。日本的创新主体是企业，日本企业几乎都是民营企业，民营企业的特点是业绩与发展状况与政府没有直接关系，并且日本民营企业担负起了国家发展的历史使命。企业的发展战略需要企业自己来确定自己的方向，根据自身生存和发展的需要来决定技术创新的攻关方向。政府主要是政策扶持与引导，在过去的几十年里日本通过特定的产业政策，促进了制造业发展。这种情景下，日本企业如何应对人工智能发展带来的变化，其很大程度上取决于企业管理者的决策和思路。所以目前在日本人工智能产发展中，尽管有不少的日本企业积极参与，但这些企业更多是以独立主体参与，并且以商业化应用为优先。在整体产业协调方面则是相对较弱，企业在坚守传统优势过程上实现转型发展也是日本发展的一种重要破局点。

日本的终身雇佣制在当时快速发展的时期，充分保障了企业的平稳发展。但在面临新技术冲击时，这种传统模式形成的阻力也最为恐怖。这种阻力最明显的就是体现在人才引进和培养上。从日本现在体制来看，终身雇佣制对于特殊时期的人才引进是有阻力的。正如日本媒体所报道的，他们认为在全球人工智能竞争日趋激烈的情况下，日本在人工智能研究方面远远落后于中美两国。《日本经济新闻》称全球掀起人工智能人才争夺战，日本落后中美，争夺 21 世纪技术主导权的中美两国正在激烈争夺人工智能人才，日本劣势明显。能够提供充足预算和充满吸引力的研究内容的日本企业为数不多。日本有必要举全国之力培养人工智能人才。道孚县《日本经济新闻》称，调查显示全球存在 70 万人工智能人才缺口，中美两国正在对人工智能人才展开激烈争夺。美国谷歌于 2018 年春在北京成立了"谷歌人工智能中国中心"，在中国本地招募人工智能人才，中国企业也积极面向美国招徕人才。而且日本的人才培养政策才开始逐步推动，这也是日本未来人工智能遇到的最大不确定因素。

所以从忠诚这个价值角度来看，日本是充分利用了现有的工业经济基础，但是现有机制对于新技术革命的创新来说确实是利弊共存的。相对于美国这种传统的科技创新强国和中国这种快速发展的国家来说，日本传统社会经济发展模式对新变革必然形成无法回避的阻力。这种阻力一方面来自传统优势行业发展的行为惯性，另外一方面也来自整个日本社会快速发展过程中形成的价值观念。而对创新人才培养是否可以打破原有的人才评价机制将是新的突破点。在中国和美国现有的人才管理体制下，一方面是通过国家的宏观教育政策培养相关领域的优秀人才，第二方面是在人才激励机制上，可以完全自由突破，大力引进全球范围内的优秀人才，在这一点上，完全突破了日本这种集体的企业管理模式的人才管理自由度。而且这一问题在日本一系列的人工智能政策规划和推动工作中也可以发现。日本传统的创新模式在新技术革命中遇到了问题，这也是日本政府积极干预人工智能研发的重要原因。

日本非常强调集体主义观念，集体内部有着高度的内聚性。企业为了减少集体内部的损耗，采取了以结果平等的薪酬评价体制，这种方式解决企业人才流动造成的损失，也产生了我们熟知的"工匠文化"。但在新技术不断更新的时期，日本这种公平的管理理念将会受到挑战，重新调整管理的价值观来适应新技术的创新需要，是日本人才政策的一种重要挑战。因为日本终身雇佣制的制度，员工的忠诚文化与之相伴而生，相互依存。传统的终身雇佣制如果被打破，企业员工的忠诚文化也将遭到破坏，这对于劳动力资源已经短缺的日本来说是雪上加霜。解决价值观念的冲突已经是日本在第四次工业革命中所要面临的一个重大挑战。

本 章 小 结

日本有着自己独特的文化模式。这决定了日本是一个既注重自身传统，又注重实效的国家，这深深影响了第四次工业革命中日本的发展。首先日本文化的封闭性决定了第四次工业革命只是作为一种手段来帮助日本实现经济发展。其中就隐含了外来文化与本土文化必然产生冲突，而这种冲突因为日本民族隐忍的性格而愈加复杂。其次是日本的创新路径依赖也会导致创新价值观念上的冲突。日本过去的成功经验和产业优势使得日本企业有着自己的创新思路，企业创新方式能否适应第四次工业革命的快速发展是成功的关键。但是日本社会有一些相对特殊价值标准，比如日本对于隐私的保护会影响日本企业发展，使得日本企业在新技术推广的社会环境区别于其他国家。日本传统的价值观念与新技术革命有很多冲突点。首先是集团主义对秩序的强调决定了新技术的创新在日本企业需要自上而下进行推动，这需要日本企业对现有的激励方式进行调整。其次，日本形成了与现有企业制度相匹配的忠诚文化，使得日本改变现在管理方式的阻力重重。从这两点来看，日本的企业制度与社会保障已经完全融合，任何一种改变的成本都极高，并且会面临传统价值观念（比如忠诚文化）的冲突。日本社会已经严重老龄化，很多价值观念问题无法通过发展来解决，这也是日本遇到的最大难题。但日本同样有很多自己的优势，日本作为世界上最先开始智能机器人研究与应用的国家，目前属于领先于世界其他国家，同时日本国内面临大量的劳动力缺失，也增加了整个社会对以人工智能为代表的新技术的需求，这也是日本社会引入人工智能的最好契机。

随着人工智能的广泛应用，新的价值观念将与日本文化和价值观念的不断碰撞。从整个世界大势来看，无论接受与否，以人工智能为代表的新技术革命终将会融入每一个国家的生产生活中。日本整个社会的价值观念将再一次面临变革，衍生出新时代的新文化和新价值观念。

第 6 章

人工智能与中国价值观

　　中国人工智能的发展与欧美发达国家相比起步较晚，但是发展速度较快且已经开始影响中国社会的方方面面，这离不开中国对科学技术的高度重视。人工智能发展与价值观关系密切，价值观既影响人们对人工智能成果的态度，又对人工智能发展产生重大影响。反过来，人工智能作为实践活动也会影响中国价值观新的演化道路。1949 年后，中国科技发展有了稳定的环境，产出了一批重要的科学成果；改革开放后，中国的科学技术得到了较快发展，近年来，随着人工智能发展的日益成熟，中国政府与企业对人工智能发展及其对未来的影响高度关注。2017 年 7 月，中国政府提出了《新一代人工智能发展规划》；2019 年 2 月，中国政府专门成立了国家新一代人工智能治理委员会，同年 6 月，该委员会发布了《新一代人工智能治理原则——发展负责任的人工智能》。

价值演进：从人机道德到数据治理

中国有着五千年的历史文化，钱穆指出中华文化"悠久"
"无间断"和"详密"是其有别于其他文明古国的三大特点[①]。
依靠语言文字的记载，中国的价值观念和思维方式传承发展，
它们既诞生于创造文化的实践，又作为指导和制约实践的核心
力量影响文化的发展和走向。近代以来，关于中国文化的研究，
在很大程度上是中西文化的比较研究，文化的时代性特征突出。
梁漱溟认为，"中国文化以意欲自为、调和、持中为其根本精
神"。[②] 中华文化崇尚"中、和"的价值观念深深融入民族的文
化心理结构中，成为人们思维和行为方式的集中体现。张岱年
认为，"中国文化的基本思想不是单纯的，而是一个包括多要素
的统一体系。这个体系的要素主要包括：刚健有为、和与中、崇
德利用和天人协调"[③]，并指出中西文化基本差异的表现之一就
是在人与自然的关系问题上，即中国文化强调"天人合一"，而
西方文化则强调"征服自然"。中国传统哲学的中心问题，更加
着重阐述人与宇宙、人与社会、人与人和谐关系的思考，这一
系列问题的核心皆区别于西方哲学的论述范围。中国"天人合

---

① 钱穆. 国史大纲 [M]. 北京：商务印刷馆，2010：1.
② 梁漱溟. 东西文化及哲学，梁漱溟全集，第 1 集 [M]. 山东：山东人民出版社，2005 年第 2
　版：383.
③ 张岱年，程宜山. 中国文化精神 [M]. 北京：北京大学出版社，2015：14.

一"的基本思想包括：第一，人是自然界的一部分，是自然系统不可缺少的要素之一；第二，自然界有普遍规律，人也服从这普遍规律；第三，人性即天道，道德原则和自然规律是一致的；第四，人生的理想是天人的调谐[①]。总而言之，中国注重人与自然之间的和谐，以和谐为重要价值原则。

　　随着人工智能的广泛应用，打破了人们原有的生活韵律，人们的生存发展模式甚至人类未来将受到冲击，内外部环境的极大变化将人与自然关系的思考推向一个新的维度，无论是物与物之间、还是人与人之间，都无法避开机器的意识、机器的道德来单独谈论人类的生存，人机之辩被推向新时代的焦点位。同时，人类的实践活动离不开生产要素，人工智能以数据为养料，数据的价值成为社会经济发展的重要推动力，中国共产党的十九届四中全会审议通过的《中共中央关于坚持和完善中国特色社会主义制度　推进国家治理体系和治理能力现代化若干重大问题的决定》中提出，健全劳动、资本、土地、知识、技术、管理、数据等生产要素由市场评价贡献、按贡献决定报酬的机制。这是中国首次将"数据"列为生产要素，数据的重要性得以显现，对数据合法合规、安全可信地使用，对数据资源合理地把握与支配，对数据价值的释放及对治理规则的制定，成为持续健康地发展人工智能的重要命题之一。

---

① 张岱年，程宜山. 中国文化精神［M］. 北京：北京大学出版社，2015：47 - 49.

由人及物、道德关注点的转移

通常而言，先秦诸子时代被认为是中国价值观念的奠基时期，并以"儒墨道法"四派为主，其中以"儒家"和"道家"的价值体系影响最为深远。儒家主张仁义，以道德意识为价值标准，墨家主张功利说，以人民大利为基本价值，法家崇尚竞争，道家则将宇宙本根的"道"视为真正的价值。四派的价值体系包含许多互相对立、互相冲突的价值观念，而以儒家文化及价值观念居于主导地位。但值得注意的是，"道家强调'不争'，墨家提倡'非攻''尚同'，与儒家之强调'和谐'有相通之处。只有法家强调的'竞争'与另外三派存在最终分歧。"① 自汉武帝以后，墨家学说和法家学说皆遭到冷落，退居社会次等地位，大约东汉初期，佛教传入中国、儒道学说应时代之需不断演变，由此开启了儒释道②三家此消彼长、交替兴盛的局面，但儒家学说仍是主流思想，以"持中贵和"为基本原则和最高价值，认为宇宙是一个和谐的整体，以重和谐的思维方式思考自身与外在世界的关系。《中庸》开篇说"天命之谓性，率性之谓道，修道之谓教"，其中蕴含着由天人、内外、性

① 张岱年，程宜山. 中国文化精神［M］. 北京：北京大学出版社，2015：162-164.
② 儒释道，"儒"指的是儒家，是孔子开创的学派，也称"儒教"，曾长期作为中国官方意识形态存在，居于主流思想体系地位，其影响波及朝鲜半岛、日本、中南半岛等地区；"释"是古印度（今尼泊尔境内）乔达摩·悉达多创立的佛教，悉达多又被称为释迦牟尼佛，故又称释教，世界三大宗教之一；"道"指的道教，道教是产生于中国的传统宗教，是把古代的神仙思想、道家学说、鬼神祭祀以及占卜、谶纬、符箓、禁咒等综合起来的产物。（来源：百度百科 https://baike.baidu.com/item/%E5%84%92%E9%87%8A%E9%81%93/9198901?fr=aladdin）

修构成的一个完整的哲学体系，这个体系的最高根源在天，以"天命"的路径贯通天人，人与天的关系最主要内容最终集中在人的道德修养上，强调"学以成人"，重人世、重社会、重现实，以人为尊——重视人的生命意识、尊重人的尊严和价值；以民为贵——重视人的社会人格，倡导个人的社会地位要靠自己的努力去争取，人与人之间的平等存在于社会关系层面，从人的社会性理解人。与此同时，以"和"为核心文化特性也包含这一思想另一层面含义，"君子和而不同"（《论语·子路》）和"万物并育而不相害，道并行而不相悖"（《礼记·中庸》）强调万事万物的包容、和合相处之道，认为各种不同的事物可以同时存在而不互相矛盾。这种观念在帮助中国塑造民族气质和特点方面影响深远，在对待技术的态度上也是相信文化和科技能够和谐相处、相得益彰，推而广之，在对待世界文明多样性的时候，也秉承着这种"和而不同、求同存异"的思想，在交流交融和互学互鉴中力求共赢。中国国家主席习近平曾指出："中华民族历来是爱好和平的民族。中华文化崇尚和谐，中国'和'文化源远流长，蕴涵着天人合一的宇宙观、协和万邦的国际观、和而不同的社会观、人心和善的道德观。[①]"

今天，随着人工智能嵌入到人类社会的方方面面，中国五千多年积攒的道德价值受到了前所未有的挑战。首先，持中贵和的传统受到了冲击，天人合一的道德关注点发生了转移。面

---

① 2014年5月15日，习近平在北京人民大会堂出席中国国际友好大会暨中国人民对外友好协会成立60周年纪念活动并发表重要讲话强调。

对机器智能一项一项地超越人类且人类难以赶超的事实，机器智能的社会地位和价值难以忽视，中国社会越来越重视人与机器的关系，并纳入哲学理论化系统思考中：如何建构机器智能的道德体系，如何展开未来社会发展模式。由于机器智能的内涵尚且模糊、难以界定，"和合"相处的价值观缺失了稳定的比照对象，不管是不敢相信机器还是不愿相信机器，和谐共处都成为了问题。不仅如此，社会运行与治理的重点也发生转变。在传统文化价值中，教化是社会整合的重要手段，人在接受知识、学习反思的过程中理解人的存在、生命的意义与人生价值。如今，得益于人工智能的发展，人们可以在算力、算法和大数据的帮助下轻而易举地获得人类迄今为止的所有知识，甚至智能调度的知识储备机器人在问答比赛中已能战胜人类，社会通过教化建构起共同的基本价值观的实践方式是否全然奏效成为一个未知数。人的觉醒和人的意识的形成脱离了对"天"的敬畏和对照，天人合一的运行基础将难以维续，和谐整体的宇宙观及重和谐的思维方式面临着挑战。

自动驾驶是感知、人机物互联、大数据、高速无线网及人工智能等技术的集大成者，核心是人工智能，也是当前人工智能应用落地最受争议和最具前景的领域之一。百度是国内较早涉足人工智能的互联网巨头公司之一，自动驾驶作为公司深耕的主要领域，致力于帮助汽车行业及自动驾驶领域的合作伙伴结合车辆和硬件系统，快速搭建一套自动驾驶系统。2017年，百度创始人、董事长兼首席执行官李彦宏向公众展示了自己乘坐百度研发的自动驾驶汽车的视频，视频中李彦宏坐在副驾驶位置上，驾驶位置上驾驶员未掌控方向盘，让车辆处于自动驾驶状态。视频一出，社会争议不断，还惊动了北京市公安交管部门，并在官方微博回应：正在积极开展调查核实。虽然称支持无人驾驶技术创新，但应当合法、安全、科学进行。这一问题之所以引发社会热议，最主要的因素在于一旦自动驾驶的汽车出现了交通事故，责任应当由谁来承担。在传统的中国的价值观念中，道德价值作用于人并对人的行为进行指导和约束。当人驾驶汽车时，人就要对驾驶过程中的判断和行为承担责任。而自动驾驶的汽车缺失了这一责任的主体，对机器的问责尚且无从谈起。

尽管自动驾驶的道德责任尚未得到有效解决，但是技术创新的脚步未曾停下。这既是科技发展的客观需要，也是人工智能带来的经济动能对社会价值观的冲击。2019年12月，百度在长沙举办首届Apollo生态大会，发布全球首个点到点城市自动驾驶开放能力，宣布Apollo形成了自动驾驶、车路协同以及智能车联三大平台联动发展。Apollo拥有自动驾驶路测牌照数150张、智能驾驶专利数1237件、测试里程超300万公里、23个城市展开路测、汇聚超过了36000名全球开发者、177家生态合作伙伴，以及开源了56万行代码。在多项技术取得领先优势的前提下，这也让百度的Apollo在全域技术层面拥有规模型的优势。同年，广州市正式发布了首批自动驾驶路测牌照，其中6家企业获得首批智能网联汽车道路测试通知书。随着5G牌照的发放，5G 通信技术给车辆的应用场景带来更大的想象空间，无人驾驶正在逐步落地城市，文远知行于 2019 年 11 月在广州落地全开放运营 Robotaxi 服务，百度也全面开放 Apollo Robotaxi 服务，长沙用户通过百度地图、百度 App 可以免费试乘。① 自动驾驶服务的落地，并不意味着人们对"电车难题"思考的结束。电车难题的情境困难在于：如果出现交通事故，汽车应该保护车内乘客撞向行人，还是优先保护路上的行人而不得不使车内乘客陷入危险。由这个基本问题演变而来的对机器责任的关注和追问多种多样。例如，在人的数量上，如果车内只有 1 人而路上有 5 人，是牺牲 1 人救 5 人，还是牺牲 5 人救 1 人；在人群划分上，如果车内有 1 个人，路上 1 人是孕妇、老人或者小孩，机器应该做出何种道德判断和价值选择。这个问题回到人类手动驾驶，即使没有标准答案，但是人们不会在事故发生之前感到忧虑，因为人们相信人的道德意识，相信人们基于共同文化背景和价值习得形成的思考与判断。然而人们不敢相信机器，当它们的行为有可能涉及本应该只有人才拥有的道德价值时，机器便无法逃脱这类看似对它们而言不公平的问题，并且这些问题也成为了人工智能伦理的重要组成部分。机器是否能具有价值判断的自我意识，而这种意识又能多大程度被人类普遍接受成为新的道德关注点，也成为中国价值观探讨的新内容。

一般认为，人通过自我反思的能力建立起"意义"和"价

---

① http://news.iresearch.cn/content/202006/325654.shtml［OL］

值"的世界，使人与物之间得到区分，那么人工智能是否具有自我反思的意识呢？人们普遍担心：一旦人工智能拥有了这种反思的意识，人类可能将难以对其进行约束和控制，这或将才是人工智能对人类最大的威胁。从中国传统的价值观念考虑，李泽厚认为"实用理性①是中国传统思想在自身性格上所具有的特色，它以儒家思想为基础构成了一种性格—思想模式，使中国民族获得和承续着一种清醒冷静而又温情脉脉的中庸心理：不狂暴、不玄想、贵领悟……以服务于现实生活，保持现有的有机系统的和谐稳定为目标……"②，人工智能不仅不能仿照这种思想模式的形成完成自身的"教化"过程，甚至可能会产生背道而驰的自我意识。从客观事实来看，尽管目前人工智能扩展了人自身的能力，不断改变和充实着人的认知尺度，但是人工智能产生自我意识可能还需要很长的时间。现阶段人工智能主要还是工具层面的技术进步，只不过以往技术的进步带来的大多是体力方面的超越，而在人工智能大量嵌入时，则很大程度上带来的是对人脑力能力的替代，这刺激和引发了人类的危机意识。特别是对于中国这样重历史、重经验和重传统的社会文化结构。因此，中国社会更加重视机器道德发展现状和未来趋势。有观点认为，人类可以向人工智能植入价值观，但是什么样的价值观是切实可行且合适呢？假设人工智能必须受到外

---

① "实用理性"一词有时以"实践理性"一词替代，当它着重指示伦理实践特别是有自觉意识的道德行为时。

② 李泽厚. 中国古代思想史论［M］. 北京：人民文学出版社，2021：258 - 260.

部的制约，在人类的规定下完成特定的任务、遵守特定的法则，就目前的技术发展需求来看，此种做法的可行性似乎很高，但从长远来考虑，这一做法无疑埋下了隐患，当机器的自主学习能力增强后，人类的道德约束万一失去作用，机器是否会对人类曾经的控制产生厌恶和报复心理呢？当机器有能力完全自主其行为后，它将不再是被动为人类所用的工具，那么这时候机器能否为自己的行为承担相应的责任呢？"人工智能一旦试图追求自身存在的最大效率，非常有可能会主动删除人的道德程序——从人工智能的这角度看，人类为其设置的道德程序等于是一种'病毒'。可见，为人工智能设置道德程序之类的想象是毫无意义的。"① 从机器智能对人类产生威胁的角度考虑，有些学者认为不应该去追求强人工智能，在弱人工智能②范围内，人机关系还是可控的，只是停留在源于机器人的社会问题，还能在政治、经济和法律等传统的学科框架内协商解决。但是，若强人工智能嵌入，对中国价值观而言，缺失了"天人合一"道德基础，机器道德的可信度值得怀疑，机器可能也无法秉以持中贵和的世界观和人生观，人类的尊严可能会丧失殆尽，人类甚至有被整体替换的危险。

---

① 赵汀阳. 如果人工智能对人类说"不"[N]. 信睿周报，2019，5.
② 2018 年 11 月，德国联邦政府发布的《德国联邦政府人工智能战略报告》中指出：弱人工智能指专注于解决基于数学和计算机科学方法的具体应用，由此开发的系统能够自我优化。"强"指人工智能系统具有与人类类似甚至超越人类的智慧。

责任优先、从机器问题到数据价值

从历史的经验来看，在享受科学技术进步带来社会经济发展的同时必须高度警惕技术可能带来的威胁。中国社会价值观重视责任，强调责任优先，因此人工智能想要长久地发展，也要能承担起责任。但是在人工智能能否担当责任的背后，其实是中国社会到底是否信任人工智能的问题。有两种普遍的讨论：一是能完全相信人工智能吗？特别是在涉及生命安全的时候；二是能预防人工智能不会产生真正的威胁吗？

对第一个问题来说，人工智能带来了很多的不确定因素，不确定是否安全，人们对人工智能的信任有待考量。当涉及与生命安全有关的决定时，人们是不放心交给人工智能做出决策的，就算人工智能已经做出了决策，人们也不愿意相信它，从而按照人工智能给出的方法执行。这是因为机器无论模仿多像人类，它都是陌生的，是一个物化的存在。人与人之间是可以展开同等性质的对话与沟通，并在此基础上，通过情感的理解与共通建立信任关系，但是人们却难以对人工智能产生某种具体的情感，由此信任感的建立缺乏基本的土壤。在人们的观念中，人工智能的决定只是基于没有情感的数据分析，数据本身尚且有大堆信任问题需要解决，何况基于数据做出的推理决策呢？另一方面，中国社会价值观认为人处于社会关系中，面临的大部分问题不是某一领域的具体问题，而往往是综合各种因素的复杂问题，这种复杂度无法靠理性分析得出答案，而必须依靠人的情感，机器的"思维"活动不仅难以解释且难以与人类产生情感上的共鸣，而人与人之间则能够同时理解语言本身和言外之意，不仅解决问题还能感知到他人的感受而做出调整。所以，对中国社会而言，人工智能是无法习得人类的道德责任感和使命感，在遭遇危险的时候，尽管人工智能十分先进，中国人还是不会将自己的性命托付给人工智能，任凭其做出决定。在 2019 年上映的科幻电影《流浪地球》中，吴京饰演的领航员刘培强在拯救人类生命的问题上与人工智能 moss 产生冲突，刘培强不愿服从 moss 基于计算的决策结果，而认为拯救人的生命更重要，并最终没有听命于 moss。中国人以仁义为主的责任感始终排在价值抉择的前列。

对第二个问题的思考，关乎到人们如何认知和定义人工智能的超级功用。人们希望人工智能具有超人的能力，帮助人类做一些对人类来说困难的事情，这种只在能力上超越人类的人工智能并不是对人类最大的威胁。如前所说，人工智能对人的威胁来源于其反思的能力，也就是人工智能的自我意识。那么这种威胁是否能预防呢？目前来看，不可得知。中国的反省精神是达到修身、齐家、治国、平天下的基本要求，吾日三省吾身是儒家传统，更是中国文化不可或缺的部分，它强调人内在的道德要求，也是中国人责任感的体现。如果机器也能进行诸如此类的思想活动，那么它"修身、齐家、治国、平天下"的意义指向何处？如果以预防此类情况的发生做为发展人工智能的前提，那么人工智能的发展将走向何方呢？中国相信这些问题无法靠一国之力解决，人类命运休戚与共、息息相关，作为以责任意识优先的世界大国，中国希望能与其他国家协商推进，共同寻找应对之法，以避免由于国与国或者社会团体之间未达成一致而带来的冲突。

回到技术发展本身，目前中国机器人市场需求潜力巨大，工业与服务领域都颇具成长空间，据国际机器人联盟（IFR）统计，预计中国机器人密度将在 2021 年突破 130 台/万人，达到发达国家平均水平。2019 年，中国工业机器人市场规模预计达到 57.3 亿美元，到 2021 年，国内市场规模进一步扩大，预计将突破 70 亿美元。随着人口老龄化趋势加快，以及医疗、教育的持续需求，中国服务机器人存在巨大市场潜力和发展空间。2019 年中国服务机器人市场规模有望达到 22 亿美元，同比增长约 33.1％，高于全球服务机器人市场增速。其中，中国家用服务机器人、医疗服务机器人和公共服务机器人市场规模分别为 10.5 亿美元、6.2 亿美元和 5.3 亿美元，家用服务机器人和公共服务机器人市场增速相对领先。到 2021 年，随着停车机器人、超市机器人等新兴应用场景机器人的快速发展，中国服务机器人市场规模有望接近 40 亿美元。① 如此庞大的机器人市场规模使中国面临的人机道德问题更加棘手，既要高瞻远瞩应对未来潜在的危机，又要立足于现实，解决实际问题。例如，如果理财机器人出现错误，损失应该由谁承担。理财机器人又叫智能投资顾问，是基于人工智能算法对客户的资产和消费数据、

---

① 中国电子学会：中国机器人产业发展报告（2019）[R].

背景和风险偏好、投资习惯等进行分析后打造的一套投资组合。目前中国各大银行、证券公司和保险公司都不同程度地入局了相关产品，万一机器人出现问题或者被黑客攻击，投资者出现损失的责任算是谁的？又如在医疗机器人领域，虽然医疗机器人尚未普及，但是在一些医院，部分特定的机器人已经开始辅助医生工作，如果机器人出现故障，谁应该为医疗事故担责？针对此类问题，中国以负责的态度积极回应，2018年11月中国全国人大常委会委员长会议组织人员进行专题学习，围绕规范人工智能发展进行学习讨论，认为全国人大相关专门委员会、工作机构和有关方面要及早动手，尽快行动，对人工智能涉及的法律问题进行深入调查研究，为相关立法工作打好基础、做好准备。

除以上有关机器道德责任的讨论，对人工智能发展影响重要的一个要素便是数据。大数据的涌现助推了本轮人工智能快速发展。人类社会自诞生之初，便开始与数据打交道，但数据的规模和种类都未曾像现在这般庞大和丰富。数据的获取和使用既是思考人机关系的一个重要维度，也是人工智能健康发展、获得社会信任的关键。在过去，人们在数据采集、存储和计算等方面受到限制，如今随着电子计算机的发展和高性能计算的支持，数据正推动一场前所未有的伟大革命，人工智能在众多领域的落地与应用，得益于基于大数据而实现的数据智能。目前全球数据量仍在飞速增长，中国在数据上占据了相对优势，数据量大且数据种类多样丰富，数据的获取和使用也更加方便。

这主要得益于中国人口基数大，伴随着信息化和数据化程度的提升，产生了大量的数据。2019 年中国互联网络信息中心（CNNIC）发布《中国互联网络发展状况统计报告》，报告显示截至 2018 年 12 月，我国网民规模达 8.29 亿人，互联网普及率达 59.6%，其中手机网民规模达 8.17 亿人。人们不仅上网娱乐休闲，还培养出二维码支付、手机缴费、手机出行等习惯，积攒了大量的数据。人工智能的出现，特别是高性能计算能力和智能算法的助力，为分析处理数据带来便利。中国社会价值观对数据挖掘和分析的态度更加开放，对个人隐私保护的意识没有十分苛刻，愿意在社交、消费等场景下提供相关的信息来获取个性化的服务。比如，企业得以获知用户画像、行为偏好、信用状况等数据信息，推动企业业务模式、业务流程以及产品应用与服务等方面的变化，加速向着智能化的道路转型，创造新的价值。

另一方面，技术的跃升有力地帮助数据收集规模和范围的扩大。一般来说，数据采集的来源主要包括：业务层面的数据，社交媒体、自媒体数据，电商数据，自有 App 行为数据，以及各种互联网平台的互动数据和线下门店数据的录入等等。应用人工智能，尤其是计算机视觉的发展，这些数据能够规模化地收集、分析与处理，形成海量的数据库。计算机视觉涉及的技术包括人脸识别、图像识别、图像分割、图像生成，目标检测等，这些技术与日常生活中数据产生的场景密切相关，并帮助完成了大量的数据收集工作。人脸识别是计算机视觉中应用最为普遍的领域，中国在技术上的创新能力和研发实力已经领先于世界其他国家，不仅在价值观和政策上提供了更优质的发展土壤，而且投入了相当大的学术研究支持，并且"随着计算机视觉研究的不断推进，研究人员开始挑战更加困难的计算机视觉问题，例如：图像描述、事件推理、场景理解等"①，对现实世界中诞生数据的更加复杂的场景进行理解。总而言之，计算机视觉技术利用摄像机和电脑代替了人眼来观察、读取这个世界的现象，并以数据的形式存储，进行快速地处理与分析，完成诸如分割、分类、识别、跟踪和判断决策等任务。目前，在中国计算机视觉市场构成方面，安防领域占比最高②，超过整个市场占比的一半，这也从侧面说明了中国数据资源何以如此丰富。中国的社会价值观倾向于安全先于隐私，群体高于个人，安防摄像头和交通摄像头应用广泛，全面对无人值守的场所或者公共场合进行安全维护，发现异常自动报警，出现交通违章自动分析，识别车辆车牌，规范交通。人工智能的发展促进了中国安防和交通领域服务能力的提升，但是归根结底，离不开中国社会价值观的有力支持。从政府和公共利益出发，基于数据的分析，为人们创造更加安全的居住环境和更加便捷的出行服务。

如此大规模的数据量和数据应用需求，也带来一系列问题，如数据流通、数据使用规范、数据开放和数据安全等，这不仅

① 2019 清华大学人工智能发展报告［R］.
② 中商文库：2019 年中国计算机视觉行业市场前景研究报告［R］.

是人工智能算法面临的困难与问题，更是国家社会经济发展面临的重大挑战与机遇。中国不仅要建立健全法律法规等手段规范数据的使用，前瞻性地做好应对措施，保障人工智能产业全面、可持续健康发展。同时，也要加快解决中国人工智能企业面临的数据开放程度低、数据流通困难、数据质量有待提高等问题，这些问题既有自身发展的内在局限，也有来自国际社会的规则障碍。在数据经济的大环境背景下，没有一个国家或组织能够独善其身，数据治理尤其重要。2020 年 11 月 21 日，中国国家主席习近平在二十国集团领导人第十五次峰会上指出，"面对各国对数据安全、数字鸿沟、个人隐私、道德伦理等方面的关切，我们要秉持以人为中心、基于事实的政策导向，鼓励创新，建立互信，支持联合国就此发挥领导作用，携手打造开放、公平、公正、非歧视的数字发展环境"，并表示，"中方提出了《全球数据安全倡议》，愿以此为基础，同各方探讨并制定全球数字治理规则，支持围绕人工智能加强对话，倡议适时召开专题会议，推动落实二十国集团人工智能原则，引领全球人工智能健康大展。"① 2020 年以贵州大数据综合试验区的实践为数据治理研究样本的系列丛书的第一册《数据治理之论》出版，书中指出，"价值释放是数据治理的根本目标。数据利用情况的好坏、价值释放的大小已成为一个国家、地区、组织综合竞争力的关键指标。通过理论与实践相结合、制

---

① http://www.xinhuanet.com/politics/leaders/2020-11/21/c_1126770364.htm [OL].

度与技术双驱动，提升数据质量、促进共享开放与开发利用，为'用数据说话、用数据决策、用数据管理、同数据创新'奠定良好基础，进而为推动国家治理体系和治理能力现代化奠定基础。"①

追求发展： 技术赋能与生产力重构

人工智能全面赋能生产生活，大批科技成果落地，带来经济的跃升式发展。人们的交往方式、消费方式等行为方式发生了转变，脱离了人与人之间的实际距离转而以线上的形式进行，对智能设备和智能交互方式的深度依赖逐步渗透以人为主导的社会关系，公开透明、便捷高速的交往技术方式和落地产品正带来新的社会模式创新体验。同时，大规模的智能产品投入使用取代了传统的就业岗位，中国人重视的劳动的地位和意义，正陷入前所未有的困境中，然而在追求发展的过程中，顺应时代的需求，社会生产力也在相应地发生重构。

行为方式的日新月异

随着互联网技术的发展，信息的传递和传播的方式、传播速度都发生了极大的改变。网络社会的兴起，人成为网络关系网中的一个个小的节点，不需要直接见面，便能通过通信设备

---

① 梅宏. 数据治理之论［M］. 北京：中国人民大学出版社，2020.

对话、发布观点。2016 年以来，随着人工智能产业应用的发展，智能终端设备不断升级、移动网络普遍性接入，人工智能带来崭新的社会交往方式，大量内容分发平台和生产者激增，数字产业规模获得突破性发展，数字内容的生产与传播成为了一种新社交形式，人们之间的沟通交流进一步脱离现实。

这既促进了社会经济的发展，也带来了潜在的社会危机。一方面，信息的爆炸式增长、算法推荐的不良广告、制造的虚假新闻层出不穷，不仅占用了用户大量的时间，还给用户之间的关系带来了更多的复杂性和不确定性。另一方面，人工智能虽然推动了线上社交工具与平台的蓬勃发展，但是与之相应的社会规则和治理方法仍停留在"旧"阶段，在新情况面前缺乏有效的解决方式和应对措施。这一现象也暴露出社会问题与风险的交织泛化，受智能技术的影响，人们所要处理的问题超出了传统社会关系承载的边界，迈向人与机器关系的层面。同时，人工智能发展也面临着巨大的社会压力，对技术优化提升的需求更为迫切。传统的人工审核速度和人员规模无法应对冗杂的图文信息，现存算法审核机制的不完善导致了内容审核能力与实际情况严重脱节，对传播造成极大的压力和挑战。甚至人工智能算法棘手的"偏见"和"黑箱"问题在某种程度上带来了更严重的人际交往问题，如用户接收到不公正、片面化甚至是带有文化或地域歧视色彩的信息。中国秉承责任先于自由、集体高于个人的精神，始终以最广大人民群众的根本利益为出发点，多次对主流社交平台进行内容整顿，规范文明网络行为，

净化网络环境，力图为新时代模式下的交往提供舒适健康的
氛围。

2020 年疫情之下，中国的社交媒体在人工智能的助力下发
挥着重要作用，社会价值凸显。社交媒体作为新闻信息的分发
平台，成为民众了解疫情的重要渠道，各大社交媒体以信息的
公开、透明、真实、快速传播为根本，在消除和减少社会恐慌
的过程中发挥了重要作用。以中国三大社交平台为例，微信公
众号凭借熟人社交关系链实现了信息的快速分发，多篇疫情主
题文章阅读量破百万；微博作为唯一的广场式社交媒体，更是
在此次疫情中发挥信息中枢作用，集政令传达、疫情求助、社
会监督、人文关怀、科普辟谣、社会维稳等多功能于一体，以
疫情地图为载体，汇集疫情最新动态和国内外疫情发展，减少
信息传递过程中的不对称风险；知乎发挥其问答社区的优势，
上线新型肺炎防控系列专题，涵盖科学辟谣、防护指南、心理
援助等抗击新冠肺炎专区，并联合阿里健康、好大夫等在线医
疗健康平台开通义诊通道，疫情期间"新型肺炎"相关回答获
17.3 亿次阅读。① 由此可见，充分利用技术优势，发挥技术长
处，人工智能在社会媒体领域大显身手，使中国社交媒体风评
和口碑得到好转，这也传递出当今中国"人情"关系的新模式，
在人和人关系方面，要不断创新互动模式，调动用户积极性；
在人和内容生产方面，基于技术手段建立更加垂直的生态圈，

———————

① http://report.iresearch.cn/report/202006/3590.shtml [OL].

聚集用户形成高效、可信的圈层传播。

中国是人口大国，也是消费强国。在消费领域，商品交换是人与人交往的重要组成部分之一。目前，消费正在向数字化模式靠拢，借助互联网、移动互联网和智能终端设备，消费方式更加灵活、便捷与高效，塑造出全新的消费形态。社交平台的兴起为消费提供了更刺激的方式，社交平台分享交流的天然属性使得年轻一代成为消费主力军，贡献出大量的消费体验和服务评价。据 2017 年埃森哲研究发现，中国 95 后消费者喜欢通过社交平台直接购物，70% 的受访者表示有兴趣直接通过社交媒体购物交易。[①] 技术的发展使消费渠道和方式向线上转移，零售业消亡的消息一度占据新闻头条，尽管这种消息往往噱头大于实际，但是在人工智能的赋能下，传统零售业的模式正在发生翻天覆地的变化。目前，消费者数据呈指数级增长、人工智能算法准确度和算力提升以及智能硬件、AIoT[②]、虚拟现实、5G 等技术不断发展，人工智能已经渗透到零售行业落地价值链的多个环节，其中，机器学习和计算机视觉是支撑"人工智能＋零售"的两大技术。机器学习主要应用于数据分析与建模，以实现数据智能和产业链优化；计算机视觉技术则应用于对消

---

① http：//www.199it.com/archives/626399.html

② AIoT（人工智能物联网）＝AI（人工智能）＋IoT（物联网）。AIoT 融合 AI 技术和 IoT 技术，通过物联网产生、收集来自不同维度的、海量的数据存储于云端、边缘端，再通过大数据分析，以及更高形式的人工智能，实现万物数据化、万物智联化。（来源：百度百科 https：//baike.baidu.com/item/AIoT/23298459? fr＝aladdin）

费者及商品的识别与分析，相关应用已实现落地。[①]

"人工智能＋零售"利用以人工智能为核心的技术为线上线下的零售场景提供支持，将零售体系的门店、仓储、物流等环节纳入数字化管理和运营，包括：利用计算机视觉技术对线上图片、视频等各类商品的展示信息进行管理；利用语音识别、语义理解等自然语言处理技术保障智能客服服务；利用机器学习算法分析用户的互联网使用习惯与留存数据信息，进行精准化和个性化推荐；利用大数据分析技术，收集整理归纳行业资讯，为企业生产经营决策提供智力支撑。这些与传统的零售方式大大不同，传统门店的导购往往通过与客户沟通交流的方式完成产品的推荐，产品是否符合客户预期，是否受到客户的喜欢，是否激起客户消费欲望等，有着极大的不确定性。人工智能进入零售领域的理想情况是打通线上线下零售业，消费者可以在线购买或在线预订，再选择商店提货，线下门店也可以根据消费者数据，了解相应的消费偏好进行沟通推荐，创造更高效的购买模式。

从数据的角度来看，基于大数据的人工智能销售预测，对未来两周内销售预测的准确率能够达到 75%～85%。相比而言，运用传统策略加上人工经验的方法，销售预测的准确率一般最高只有 70%，所以说人工智能可以帮助零售商更好地预测商品的销量。同时，基于大数据的人工智能销售预测也可以显著地

---

① 艾瑞咨询：2020 年中国 AI＋零售行业发展研究报告

降低库存周转天数，直接实现相应的效益提升。例如，生鲜类品牌通过这种销售预测可以优化库存管理、减少生鲜损耗、降低经营风险。[①]

　　尽管"人工智能＋零售"的概念和应用不断普及和扩大，但仍然面临困难，最突出是线下数据的获取与线上数据的长期割裂。一种有效的解决方案是使用摄像头、智能广告机等智能设备识别用户的基本信息、行为轨迹和浏览偏好，并根据线上或过往的购买记录，进行推荐或者个性化服务。另一方面，也要考虑到运用人工智能虽然减少了人工带来的与用户需求不符、库存积压、信息反馈缺失等问题风险，但也削弱了人的精神世界活动。并且从个人的角度出发，零售业对个人消费数据的使用，对于一部分人来说这是好事，可以帮助快速找到自己喜爱的东西，节约时间。但是对于另一部分人来说，过度的推荐消磨了人的个性，限制了人去探索各种各样事物的可能性。

　　当前，中国社会的交往和消费方式日新月异，与之相生的人情价值观也变得更加复杂、更加矛盾。智能技术将人们的生活从传统的人情社会中剥离，转而进入更加理性化、智能化的数据社会，这中间出现的问题既需要通过时间适应、规则变更来应对，又不能抱着消极态度滞步徘徊，忽略技术能极大地刺激新经济、新模式、新业态的出现。2016年中国政府国务院办公厅《关于推动实体零售创新转型的意见》指出，加强互联网、

---

① 丁磊. AI思维：从数据中创造价值的炼金术［M］. 北京：中信出版社，2020.

大数据等新一代信息技术应用，大力发展新业态、新模式，支持企业运用大数据技术分析顾客消费行为支持企业开展服务设施人性化、智能化改造。2019 年，"人工智能＋零售"相关投融资事件共计 17 起，占 2019 全年人工智能领域投资的 3.3%；占比较去年的 1.8%，增幅达到 83.3%。①

2020 年受新冠肺炎疫情的影响，全球经济受到剧烈冲击。中国以巨大的付出在较短的时间内使疫情得到有效控制，疫情使消费形式再次发生转变与升级，线上消费成为新消费的核心内容。电商网购与在线服务等新业态在抗疫中发挥了重要作用。线上线下联动，一方面线上拉动整体销量并帮助实体经济在产业链数字化、智能化转型等方面开创增长空间。另一方面传统实体经济主动拓展线上市场空间，在数字化转型方面做出了新的探索和尝试。大批房地产开发商、家电企业等线下企业门店与京东天猫等平台达成合作。"618"期间②，覆盖全国 2.5 万乡镇和 60 多万个行政村的 1.2 万个京东家电专卖店整体成交额同比增长 240%。③

社会就业与劳动正当性

机器智能的发展将可能大规模取代以往的人力劳动，影响

---

① 艾瑞咨询：2020 年中国 AI＋零售行业发展研究报告［R］.

② 一般指电商京东一年一度的大型促销活动，每年 6 月是京东的店庆月，6 月 18 日是京东店庆日，在此期间，京东会推出一系列的大型促销活动。

③ 艾瑞咨询：2020 年中国后疫情时代零售消费洞察报告.

社会就业结构的变化，未来社会有可能面临着大量失业问题，这几乎是历次技术变革带来的共性问题。从长远来看，技术对就业整体影响可能会是积极的，然而由于过程的漫长与不确定因素的存在，人们对技术引发的失业担忧可能会一直存在。

20世纪机械的大规模应用使得新的交通工具出现并取代了马匹，原先由马车运输业发展来的众多岗位消失殆尽，大部分人陷入失业危机。21世纪，当中国人面对人工智能在金融、交通、医疗、消费等领域的优异表现，不得不担心技术在方便人们生活的同时，许多工作岗位将再次被智能化替代。从传统的制造业到服务业，甚至到新闻撰写、医学诊断、法律行业等具体的工作场景，人工智能的身影已经无处不在。麦肯锡曾预测，到2030年，全世界将有3.9亿人因机器人和人工智能的大规模普及而改行，有8亿人会失业。物理学家霍金2016年在英国《卫报》上发表文章称："工厂的自动化已经让众多传统制造业工人失业，人工智能的兴起很有可能会让失业潮波及中产阶级，最后只给人类留下护理、创造和监管等工作。"① 牛津大学2016年报告 "Technology at Work V. 2. 0：The Future Is Not What It Used to Be" 预测，发展中国家的工作自动化风险提高，中国、印度等主要新兴经济体的自动化风险，分别是77%和69%。

2015年9月10日，腾讯财经发布了一篇题为《8月CPI同

---

① Stephen Hawking. This is the most dangerous time for our planet https：//www. theguardian. com/commentisfree/2016/dec/01/stephen-hawking-dangerous-timeplanet-inequality.

比上涨 2.0％创 12 个月新高》的文章，便是由自动化新闻写作机器人 Dreamwriter 根据算法自动生成，它能瞬时输出分析和研判，在一分钟内将重要资讯和解读送达用户。同年 11 月，新华社宣布"快笔小新"机器人投入使用，可以快速完成体育财经类的新闻自动写作。2016 年在里约奥运会上，由北京大学和今日头条媒体实验室联合研发的 Xiaomingbot（张小明）的机器人亮相①，结合自然语言处理、机器学习和视觉图像处理，通过语法合成与排序学习生成新闻，在奥运会开始后的 13 天内，Xiaomingbot 撰写了 457 篇关于羽毛球、乒乓球、网球的消息简讯和赛事报道，每天撰稿 30 篇以上。这样的消息无疑给原本忧心忡忡的人们再次增加一层心理负担，社会就业问题的严重性不容小觑，制定行之有效的应对方法迫在眉睫。尽管如此，大部分人还是愿意相信人工智能带来的是历史性的新就业机会，"新技术不是让人失业，而是让人去做更有价值的事情。每次新技术革命都会引发人们的担心，过去 200 年大家一致担心新技术会抢走就业机会，事实上，新技术创造了更多新岗位。"②2018 年 12 月，普华永道发布《人工智能和相关技术对中国就业的净影响》③ 报告指出：一方面，人工智能及相关技术在未来 20 年将取代中国现有约 26％的工作岗位，另一方面，人工智能对中国就业的净影响可能将创造约 12％的净增岗位，相当于未来

---

① http://media.people.com.cn/n1/2017/0111/c409691-29014245.html
② 马云，2019 世界人工智能大会演讲
③ http://www.199it.com/archives/811703.html

20 年内增加约 9 000 万个就业岗位。2019 年 4 月，人社部、国家市场监管总局、国家统计局发布了 13 个新职业信息，其中有12 个职业是因新技术而产生的，分别是：人工智能工程技术人员、物联网工程技术人员、大数据工程技术人员、云计算工程技术人员、数字化管理师、建筑信息模型技术员、电子竞技运营师、电子竞技员、无人机驾驶员、物联网安装调试员、工业机器人系统操作员、工业机器人系统运维员。

以一个明显的场景举例，当我们使用一个新软件的时候，系统会让我们勾选一些标签从而为我们推送更符合喜好的内容。内容生产者在平台发布内容的时候，平台也会弹出勾选标签的对话框或者选项，以便更好地推荐内容。这种打标签的做法为人们接收内容推荐提供了便利，但同时正是因为大量标签的存在，数据才有了充分的分析空间和商业价值。数据标签可以清晰地勾勒出用户的基本画像，知道用户最想要什么，以便进行精准的广告投放和营销活动，为商业开辟出了新的发展空间。

数据标签背后孕育的是新产业的兴起，数据标注公司成为创造新工作机会的重要场地。数据是人工智能的养料，但是大部分从互联网来的数据都会不同程度地存在标签不清楚的问题，在进行算法训练之前，要对这些数据进行严格的清洗和标注。中国是世界上人口大国，劳动力资源丰富但劳动力成本相较于欧美发达国家则严重偏低，可以说中国在数据标注方面的优势远胜于其他国家，同时数据标注也为中国社会带来了新的就业机会，有利于解决庞大的人口压力带来的社会问题。目前，大部分数据标注公司仍主要集中在北京、上海等大城市，但一些技术含量较低的标注业务也在向小城镇转移，数据标注行业已经开始为中国一些偏远城市和农村的劳动力提供新的就业机会。据艾瑞咨询 2018 年人工智能数据资源定制服务市场细分结构数据显示，语音类数据标注服务和视图类数据标注服务占据绝大规模。① 据智研咨询整理的数据来看，2018 年数据标注与审核行业市场规模已达到 52.55 亿元，行业增长空间充足。② 数据标注行业的增长正是人工智能带来的新就业机会，对于百度、阿里巴巴等科技公司来说，需要标注的数据工作量巨大，倾向于将大部分标注工作外包给第三方公司，既推动了 AI 的发展，又创造了大量的就业机会。

从生产层面考虑，自动化机器大规模取代人的工作，对应产生失业的问题，但是这一问题可能会被创造的新的工作机会解决。尽管如此，人们还是需要警惕新工作机会的诞生可能会对当前的劳动力市场造成的巨大干扰，数百万人的择业和人生发展会随着新技术的出现而发生改变。未来社会，新岗位需要的往往是懂技术的人才，人们为了生存，需要不断更新自身的知识与技能，而且这一要求比以往任何时候都要严格和苛刻。人类发明和使用机器是为了提高工作效率，让机器的自动化生产解放人类劳动力，但是目前阶段大部分的人要担心即将被机

① https://baijiahao.baidu.com/s?id=1648191495311574920&wfr=spider&for=pc
② http://www.chyxx.com/industry/201904/730273.html

器抢走的工作，而变得更加主动地接受智能化，接受各种就业再培训计划，这其实是增加了人类的生存矛盾和负担。如果劳动者不学习掌握相关的智能技术，将直接丧失通过劳动获得幸福的权力。在大部分发展中国家，常规劳动所占国民收入份额大幅下降，越来越多的收入流向资本而非劳动力。另一个相关趋势是劳动市场的两极化或空心化，高技能与低技能岗位的就业比例提高，而中等技能岗位的就业率在大多数发展中国家都有所下降。①

　　智能机器取代人类工作的另一因素是基于大数据的分析往往能比人类做出更精准、更快捷的推测。如果将决策权力交给机器，那么作为万物灵长的人如何相信自身的尊严和主体性？人的尊严是中国社会价值观中最为重要的一个组成部分。作为农耕文明大国，劳动从来不仅仅是谋生手段、赚得生存资料，更重要的是人从劳动中获得认可、满足和生活的意义，它代表了个人对社会的价值，"人类毕竟是身体性的存在，生活意义在很大程度上系于感性经验，主要包括劳动经验、待人接物经验以及娱乐经验。当人工智能取代了劳动经验和待人接物的经验时，人类就只剩下娱乐经验，生活经验将变得十分贫乏和雷同。也许在未来人们普遍能够达到衣食无忧，所有人都脱离贫困，但是，在欲望满足之后失去意义，或者说，在幸福中失去幸福，这非常可能是一个后劳动时代的悖论。"② 所以当人的工作机会

---

① 司晓，马永武等. 科技向善：大科技时代的最优选［M］. 浙江：浙江大学出版社，2020.
② 宋冰等. 智能与智慧：人工智能遇见中国哲学家［M］. 北京：中信出版社，2020.

被机器剥夺，甚至要服从机器的指挥时，失去劳动的人类也会
失去劳动的快乐、失去价值，甚至可能会导致人的退化。人与
人之间的联系交流也随着机器的大批量引入而减少，人与人之
间的关系很有可能异化。当人工智能可以提供一切生活服务时，
"一切需求皆由技术来满足，那么一切事情的意义就由技术系统
来定义，每个人只需要技术系统而不再需要他人，人对于人将
成为冗余物，人再也无须与他人打交道。结果是人不再是人的
生活意义分享者，人对于人失去重要性，于是人对他人也就失
去兴趣。这是人的深度异化，人不仅会对生命意义产生迷茫，
而且变成了非人化的存在。"另一方面，由算法提供的精准推测
近来也受到了质疑。中国外卖市场庞大，两大平台饿了么和美
团商户数分别为 350 万和 620 万，骑手数分别 300 万和 399
万①，消费者使用平台订购外卖的习惯基本成熟，且用户规模持
续扩大。在适应市场竞争的过程中，送餐时间成为平台制胜的
法宝之一，"快"成为吸引和维护客户的优势条件，然而在
"快"的背后却隐藏着危机。2020 年，一篇《外卖骑手，困在系
统里》引起社会的震撼，基于算法的路线推荐和管理系统忽视
了种种客观因素，拼命挤压骑手，造成了巨大的生命和安全事
故隐患，算法也许不仅没有使劳动更容易，甚至有可能使劳动
更加高危。对于机器的预测和推荐，需要更加审慎地思考。

　　人工智能带来的挑战不仅是体力劳动，还波及文化艺术创

---

① https：//www. iyiou. com/intelligence/reportPreview? id=0&&did=712

造活动。2017 年，微软的人工智能机器人"小冰"出版了首部由 AI 创作的诗集《阳光失了玻璃窗》。近年来，人工智能创作的绘画被拍卖，人工智能创作的音乐被传唱等消息不绝于耳，甚至经过媒体的报道已经到达神乎其神的地步，引发了人对自身在文学艺术创作领域主体性地位的怀疑、担忧与思考。长期以来，人类以能够独具一格地从事文学艺术创造活动来显现人生的价值与意义。如今，人工智能是否已经发展到了能够替代人类进行文学艺术创作的程度呢？机器人是否正在抢夺人的劳动创作权？人是自然界中能够借助工具和智能与其他物种抗衡的生物体。从远古时代到农业文明时期，再到工业革命时代，人不仅认识世界、改造世界，还发展形成涉及审美、艺术、人生意义等诸多精神领域的思考，"艺术创造和欣赏过程中人的主体性和艺术作品中的情感性"[①] 是人们就艺术的本质达成的共识，也是人最闪光的地方。"人在自然状态中萌生主体意识的表达，当从只有主体意识的人成为能创造出艺术品的艺术家时，还需要纯粹的内在生产机制才能创造出艺术品、如想象力和创造力、一定的艺术技巧、个人性情及生活经历。"如果人类的艺术创作需要以上的因素，那么人工智能的创造又应该如何定义呢？

好在人工智能对人类劳动创作权的争夺从目前看几乎是微乎其微的。人工智能作为一种新技术具有开创性和创造性，但

---

① 邓睿. 人工智能主创"艺术品"的艺术本质论 [J]. 西部学刊, 2019 (11)：57 - 59.

是它却不具备艺术创作的精神性和情感性，所谓的人工智能创造，只是基于大量数据学习的算法模型的产物。微软"小冰"创作的诗歌，并不具有真正的意境或者说只是机器学习后产生的意象拼贴，读起来语言晦涩且结构不完整，"小冰绝无人类生命体验的温度波动，天然缺失需要倾诉的情感相符"①，同样，AlphaGo 也并不具有同人类般的"围棋智慧"，它只是储存了人类历史上所有的围棋对弈数据，通过神经网络、深度学习等技术，对这些数据进行快速地分析与处理，得到相应的统计规律，按照这个规律与人类下棋，所以它使用的全部知识归根到底还是来源于人类。智能机器可以掌握创作的技法、获得相应的知识储备，但是无法体验作品背后的情感，这是人类对劳动创作权的掌控和幸福价值获取的重要途径之一。

融会贯通：　至真至善、科技为民

中国错失了前三次工业革命带来的发展机遇，在科技方面长期处于跟跑地位。以人工智能为核心的第四次工业革命为中国带来新的发展机遇，中国奋起直追，在一些领域迈向了并跑，甚至是领跑阶段。作为人口大国，中国强调人工智能对经济的引领带动作用，推动经济社会各领域从网络化、数字化向智能化加速发展。按照 2017 年出台的《新一代人工智能发展规划》

---

① 谢雪梅. 文学的新危机—机器人文学的挑战与后人类时代文学新纪元［J］. 学术论坛，2018，41（02）：14‐20.

的指导思想，要加快人工智能与经济、社会等领域深度融合为主线，以提升新一代人工智能科技创新能力为主攻方向，发展智能经济，建设智能社会，维护国家安全。

打造开放共享的创新体系

科技在中国现代化建设进程中扮演着史无前例的重要角色，中国的《"十三五"国家科技创新规划》中指出，坚持把科技为民作为根本宗旨。紧紧围绕人民切身利益和紧迫需求，把科技创新与改善民生福祉相结合，发挥科技创新在提高人民生活水平、增强全民科学文化素质和健康素质、促进高质量就业创业、扶贫脱贫、建设资源节约型、环境友好型社会中的重要作用，让更多创新成果由人民共享，提升民众获得感。

中国高度重视人工智能作为新一轮产业变革的核心驱动力释放出的巨大能量，将人工智能上升为国家战略，出台专门的《新一代人工智能发展规划》，对未来社会抢抓发展的重大战略机遇，构筑人工智能的先发优势，加快建设创新型国家和世界科技强国做出整体部署，并持续对智能产业、智能产品和智能生活的重点领域进行细化，指引人工智能更好地赋能传统产业转型升级、迈向智能化，加快与实体经济的深度融合。以市场需求为导向，以产业应用为目标，激发企业创新活力和内生动力，探索人工智能成果转化落地的方法和路径，积极构建数据驱动、共创分享的智能经济形态。

未来，人工智能无处不在。在不同的领域或出于不同的研究目的，所下定义不同，但是"从本质上看，人工智能是指由人工创造的智能，与其对应的是生物进化所形成的'自然智能'，特别是具有最高智慧的'人类智能'。人工智能与自然智能在智能的形成过程中，最大的不同之处在记忆、分析推理、决策三个环节"①。正是这三大不同之处，人们认识到现阶段所谓的智能活动还主要是对人类行为的模仿，人工智能的本质是计算。智能活动已经在算法推荐、算法决策、数据评估、数据分析等方面运用广泛且成熟。积极的一面是，人工智能确实能帮助我们更好地认识外在世界，提高工作效率。作为一项技术，人工智能可以弥补人类在某些"能力"上的不足，比如信息的收集与处理，无论是信息的收集量级还是处理速度都使人类望尘莫及。不过，从消极的一面来看，由智能引发的问题也会威胁到人类自身的生存。中国社会强调技术的最终目的是服务人民，紧紧围绕人民的生活需求，大力发展智能产品、智能产业。人们普遍接受人工智能的发展现今还处于弱人工智能的初期阶段，尚不用担忧奇点临近或者是强人工智能发展而引发的人机不可调和矛盾。与之相比，如何解决深度学习的不可解释性问题则迫在眉睫。这一问题直接关系到人们在某些场景中是否使用人工智能以及如何使用人工智能。中国科学家和算法研究者持积极的态度，正努力寻找解释机制，并取得了阶段性的成绩。

人工智能相关产业是面向未来、在全球竞争中占据优势的

---

① 国务院发展研究中心国际技术经济研究所. 人工智能全球格局：未来趋势与中国位势 [M]. 北京：中国人民大学出版社，2019.

重要产业，人工智能研究和伦理问题的应对离不开各类高层次人才提供的智力支持，人工智能人才队伍建设极为重要。据亿欧报告分析[①]，中国着重强调建设 AI 专业教育、职业教育和大学基础教育于一体的高校教育体系，在研究生阶段强调"人工智能＋X"相关交叉学科的设置，分层次培养人工智能应用型人才。尽管中国高校课程设置起步较晚，但目前已经在迎头追赶。中国人工智能应用型人才培养受到政府和教育部门的大力推动，服务人工智能产业发展，加快培养符合人工智能领域发展需要的创新型应用型人才。

经过多年的持续积累，中国在人工智能领域取得重要进展，"2020 年中国在世界范围内的人工智能期刊论文引用次数首次超过了美国"[②]，人工智能创新创业日益活跃，一批龙头骨干企业加速成长，在国际上获得广泛关注和认可。百度、阿里、腾讯、华为四家企业（BATH）发挥各自在互联网和信息化领域积累的优势与经验，纷纷开展面向人工智能落地的专业化事业群布局，进行大规模的内部组织架构及技术体系的调整，一方面为中小型人工智能企业提供数据和服务支持，另一方面在各自优势领域打造人工智能科技创新体系，在具体技术层、场景应用层全面铺开业务，引领中国人工智能产业发展。2017 年，中国宣布了首批国家新一代人工智能开放创新平台名单，分别为：依

① https：//www.iyiou.com/intelligence/reportPreview? id＝0＆＆did＝718
② 斯坦福大学《人工智能指数 2021 年度报告》，https：//pro.jiqizhixin.com/research/AI _ Index _ 2021 _ Chinese

托百度公司建设自动驾驶国家新一代人工智能开放创新平台、依托阿里云公司建设城市大脑国家新一代人工智能开放创新平台、依托腾讯公司建设医疗影像国家新一代人工智能开放创新平台、依托科大讯飞公司建设智能语音国家新一代人工智能开放创新平台。四大平台在人工智能各领域发挥作用，百度自动驾驶帮助汽车行业及自动驾驶领域的合作伙伴结合车辆和硬件系统，快速搭建一套自动驾驶系统；腾讯 AI 医学影像产品——腾讯觅影是首款 AI 食管癌筛查系统，准确率超过 90%；在肺结节方面，觅影可以检测出 3 mm 及以上的微小结节，检测准确率超过 95%。[①]

　　人工智能的应用范围极广且行业前景可观。在经济生活方面，人工智能参与到企业管理流程与生产流程，并向消费者提供具有针对性的产品与服务，同时通过对数据的洞察分析，满足消费者潜在需求，人工智能在制造业、物流仓储与配送、市场销售与供应链周转等方面满足了经济生产的新需要，并产生了积极的反馈；在智能农业领域，人工智能被用来支持数据的采集与处理，帮助监测农情以及病虫害防治等，并可以涵盖从生产计划到终端销售的整个流程。腾讯 AI Lab 专家曾建立了一套模拟气候环境和作物生长的仿真器，在遥感技术的支持下，在 $50 \, mm^2$ 的温室里种出了 3 000 kg 以上的黄瓜，种植水平相当于 10 年种植经验的人类种植者[②]；在政治生活方面，智能化助

---

① https://www.sohu.com/a/205282685＿816315

② https://mp.weixin.qq.com/s/3E2xap3lUwizpltWcusAXg

力政府服务人民的水平升级，利用人工智能赋能基层工作人员可以极大地提高工作人员的办事效率，有效缓解与改善政务服务部门的人力资源局限问题；对政务服务过程各环节进行精准梳理和分析，有效辨别多余环节，大幅提高办事效率、减少行政延迟；以数倍于人力的效率实现证照、文件、公文等的流转以及办事过程数据的传递；通过人工智能应用，对审批数据信息的价值挖掘和知识管理；快速了解服务对象需求，定制服务；识别重点企业人员，提升决策的针对性等；准确把握公众的办事需求和可能存在的疑难问题；有效收集、存储以及分析公众对于政务服务流程、工作内容、工作态度等方面的建议和意见，有针对性的改进工作中的不足；汇聚个性化办事数据，通过大数据挖掘分析公众行为习惯，智能推送公众关注度高、与公众紧密相关的信息，为公众提供个性化、推送式服务等，为智能政务的开展和城市治理提供便利。

早在 2016 年，由中国国家发展改革委、科技部、工业和信息化部、中央网信办印发实施了《"互联网＋"人工智能三年行动实施方案》，贯彻落实创新、协调、绿色、开放、共享发展理念，从科技研发、应用推广和产业发展等方面提出了一系列措施。2017 年 7 月，国务院发布《新一代人工智能发展规划》，明确了人工智能发展三步走的战略目标，到 2030 年使中国人工智能理论、技术与应用总体达到世界领先水平，成为世界主要人工智能创新中心。规划指出要围绕增加人工智能创新的源头供给，从前沿基础理论、关键共性技术、基础平台、人才队伍等方面强化部署，促进开源共享，系统提升持续创新能力，确保中国人工智能科技水平跻身世界前列，为世界人工智能发展作出更多贡献。同年，人工智能被首次写入政府工作报告，报告指出：加快培育壮大新兴产业。全面实施战略性新兴产业发展规划，加快新材料、新能源、人工智能、集成电路、生物制药、第五代移动通信等技术研发和转化，做大做强产业集群。

2018年12月，中国工信部发布的《促进新一代人工智能产业发展三年行动计划（2018—2020）》指出"人工智能具有显著的溢出效应，将进一步带动其他技术的进步，推动战略性新兴产业总体突破，正在成为推进供给侧结构性改革的新动能、振兴实体经济的新机遇、建设制造强国和网络强国的新引擎"。在人工智能赋能实体经济方面，企业将人工智能应用嵌入到生产和经营的过程或结合行业的实际需求，创新算法和数据驱动的新的商业模式，推动实体经济转型升级。艾瑞咨询预测，2019年人工智能赋能实体经济产业规模接近570亿元，安防和金融领域所占的市场份额最大，业务渗透力最好，营销、客服、教育等行业有望得到快速发展。相应地，人们对人工智能产品的接受度也越来越高，基于语音识别与交互技术的成熟落地与应用，智能家居和智能客服普遍进入日常生活；基于人脸识别技术的发展，公共场所身份的认定和监测管理更为便捷等等，人工智能产品市场前景广阔。在各领域中实现人工智能产品制造将是人工智能产业发展的主要趋势之一。2018年和2019年人工智能都再次出现在政府工作报告中，可见中国政府高度重视人工智能的发展。在 2019 年的政府工作报告中，提出了"智能＋"的概念，打造工业互联网平台，为制造业转型升级赋能，人工智能与产业融合的态势进一步得到增强。

创造安全、高效、便捷的环境

中国社会对人工智能带来的生活便利有着美好的憧憬，将建设安全便捷的智能社会作为重点任务，围绕发展便捷高效的智能服务、推进社会治理智能化、利用人工智能提升公共安全保障能力、促进社会交往共享互信四方面内容，提升全社会的智能化水平，使人们能够最大限度享受高质量服务和便捷生活，使社会运行更加安全高效。

随着移动互联网的发展，人们的出行场景得到丰富和拓展。网约车自 2010 年引入中国，经过几轮合并发展，以及政府政策的出台监管，走上了有序发展的道路，已经成为人们出行方式的重要选择。截至 2018 年，网约车月度活跃用户已超过 1.9 亿人。2019 年的数据显示，全国 247 个城市发布了相关监管规定，有 110 多家平台公司获得了经营许可，45 万辆网约车获得了运输许可证。产业增速的背后，也时常出现网约车带来的社会问题，确保网约车安全健康运营对于保障民生、促进社会和谐发展至关重要。目前借助人工智能，不仅在匹配派单、供需预测、运力调度等方面为人们提供更加优质舒适的出行体验，而且在监管和实时跟踪反馈等环节加强了网约车的出行安全，保障了人们消费的信心，更高效、更智能、更安全、更舒适，也成为了网约车平台提升服务的目标。

　　随着智能技术的发展，维护社会秩序稳定、保障公共生活安全和国家安全已经成为了时代赋予的新任务。中国提出要构建公共安全智能化检测预警与监控体系，加强对重点公共区域安防设备的智能化改造升级，支持有条件的社区或城市开展基于人工智能的公共安防区域示范。目前人工智能＋安防是人工智能商业落地发展最快、市场容量最大的领域之一，2018 年人工智能＋安防软硬件市场规模达到 135 亿元，其中视频监控占据绝大部分，份额近 90％[①]，根据鲸准数据，截至 2020 年 3 月 11 日，人工智能安防企业共计 349 家，过去交易事件总数 267 件，有融资历史的企业 132 家[②]，在政策和技术的驱动下，人工智能安防行业发展势头迅猛。中国安防厂商十分看重人工智能的应用，头部企业人工智能产品自研技术使用率可达 80％以上，而研究投入每年可达数十亿，平均约占营收的 8％左右。2018 年 1 月，国家发改委提出了"人脸识别系统产业化应用平台"建设任务，相关人工智能企业积极承担，建立了云—边—端架构的行业应用体系，提出人工智能定义设备和场景的理念，即通过软件和算法使设备和解决方案适应实际需求。截至 2018 年底，已协助各地警方抓获近万名嫌疑人，获得公安部的高度认可。在此合作基础上联合成立"智能视频分析研究中心"。此

[①] 艾瑞咨询：2019 年中国 AI＋安防行业研究报告，http：//report. iresearch. cn/report/201901/3327. shtml

[②] 36 氪研究院《2020 年中国"AI＋安防"行业研究报告》

外，还建立起人脸识别技术覆盖 80％枢纽机场的从外至内多个
场景，包括整体监控、安检口、会员贵宾厅、登机口、停机
坪等。

此外，人工智能引发的生产制造改革很有可能使社会贫富
差距加大，掌握技术的人掌控住财富源头和阶级门槛，剥夺了
社会大多数人民改善生活、获得幸福的路径，影响社会的稳定
和长治久安。中国主动制定就业应对措施，保障民生，《新一代
人工智能发展规划》不仅包含了基础研发等核心技术问题，还
涉及人才发展、教育和职业培训等各个方面的战略。中国意识
到加快调整现有教育模式的重要性，中小学阶段开始普及人工
智能教育，并加强了人工智能职业教育，培养人工智能专门化
人才以适应时代的变化。2018 年 4 月，教育部出台了《高等学
校人工智能创新行动计划》，指出要构建人工智能多层次教育体
系，构建人工智能专业教育、职业教育和大学教育于一体的高
校教育体系，并鼓励支持资源的开放，面向社会公众提供人工
智能科普公共服务平台。通过全方位的资源配置、多维度的引
导培育和宣传推广，共同应对可能出现的社会问题。在维护社
会和谐上，充分发挥感知、预测的功能，及时把握民众认知及
心理的变化，提高社会治理的能力和水平；利用人工智能在医
疗、城市、司法、教育、环境保护、资源监测等领域的广泛应
用，提供精准化公平服务，全面改善人民的生活质量，提升生
活品质。

中国长期的社会价值观坚信，一切科技的发展与社会的发

展都要以人的发展为前提和目的。在人工智能面前，要绝对维护人的生存安全、尊严与权力，始终坚持以人为本的发展原则。当技术渗透到人类生活时，人们在享受技术带来的一切利好时，主动思考人与人、人与社会之间的深层次联系。以数据为例，数据一度成为可以与石油比肩的资源，随着数据弊端的逐渐显露，近年来中国社会各界减少了对数据的盲目崇拜，转而思考如何科学利用富集的数据资源去做更多有价值的事情，竭力避免因数据造成的不公平和不平等问题。如何发挥出数据的优势驱动人工智能研发和应用的发展是中国人工智能发展在面临价值判断时的重要命题之一。

中国自古便有思考人与物关系的传统，尽管现阶段奇点还未来临，可是一旦人工智能超越人类的事情发生，结果将是毁灭性且不可逆转的。人类应该如何对待人工智能，将是人类在人工智能发展道路上必须要面对的问题，这一问题在短时间内，无法得到明确的答案，它会随着人类认知、机器认知，以及人类对机器认知的发展而变动。有学者对机器智能做了一个基本的判断："它们永远不可能达到人类的全面能力，尤其是人之为人的那部分能力、创造智慧和意义世界的能力，但它却可能在另一些方面——如记忆和计算——具有超过人的能力；它也达不到具有基于碳基生物的感受性之上的丰富和复杂的情感，但它却具有毁灭人的力量"①。面对人工智能可能存在的威胁，中

① 何怀宏. 奇点临近：福音还是噩耗—人工智能可能带来的最大挑战 [J]. 探索与争鸣，2018（11）：50 - 59＋117.

国主张共同协商、加强合作，牢记人类命运共同体寻求合作，共同维护世界秩序。

中国高度重视人工智能的健康发展，大力加强对人工智能健康发展的引导，极其重视人工智能伦理和治理问题。从政策层面上，要求抢抓人工智能发展的重大战略机遇，构筑人工智能发展的先发优势，加快建设创新型国家和世界科技强国。2019 年 6 月，国家新一代人工智能治理专业委员会发布《新一代人工智能治理原则——发展负责任的人工智能》，确保人工智能安全可靠可控，推动经济、社会及生态可持续发展，共建人类命运共同体，提出了八条原则——和谐友好、公平公正、包容共享、尊重隐私、安全可控、共担责任、开放协作、敏捷治理。此外，2019 年 5 月，中国人工智能产业发展联盟发布了《人工智能行业自律公约（征求意见稿）》，承担起行业组织在推动人工智能伦理自律方面的责任。2020 年 12 月，中共中央印发《法治社会建设实施纲要（2020—2025）》，其中提出完善网络服务方面的法律法规，修订互联网信息服务管理办法，研究制定完善对网络失信主体信用信息管理办法，制订完善对网络直播、自媒体、知识社区问答等新媒体业态算法推荐、深度伪造等新技术应用的规范管理办法等。

2018—2020 年，中国积极承办人工智能主题相关的世界级大会，为人工智能的健康发展搭建全球平等对话交流平台。2018 年首届世界人工智能大会在上海举行，习近平总书记致贺信表示，中国正致力于实现高质量发展，人工智能发展应用将有力提高经济社会发展智能化水平，有效增强公共服务和城市管理能力。中国愿意在技术交流、数据共享、应用市场等方面同各国开展交流合作，共享数字经济发展机遇。2019 年，第二届世界人工智能大会专门增设了"人工智能治理"分会场。

本 章 小 结

中国社会价值体系中历来重视天人合一、持中贵和，在处理万事万物的复杂关系中，相信"和合"之道，和而不同、求同存异，自然与社会的和谐、个体与群体的和谐等等。人工智能的广泛应用、机器智能可能呈现的潜力，使这种和谐的关系受到挑战与重塑，道德价值由天与人关系的映照，逐步转变为更加重视人与机器之间的关系，审视机器意识与价值体系，评判机器责任，以应对人工智能嵌入到社会经济的方方面面。同时，数据作为一种新的生产要素，在人工智能发展过程中起到举足轻重的作用，数据的价值凸显、数据治理的重要性跃然纸上。中国拥有丰富的数据资源，相对而言，在前期数据采集与使用环境比较宽松，为技术的进步和人们生活的便利提供了很大的帮助。随着数据问题的加剧及人工智能发展逐渐进入冷静思考期，中国更多地开始关注数据的规范使用、标准化建设、全球伦理治理合作等问题，体现出大国的担当责任和人类命运共同体的理念。

改革开放四十年来，中国科技发展取得了令世界瞩目的成绩。人工智能具有溢出带动性很强的"头雁"效应，中国普遍达成共识，与时俱进，通过加快新一代人工智能，推动科技发展、产业优化升级、生产力进一步提升，全面赋能社会经济发展。传统中国社会，人的价值在与他人交往的关系中得以彰显，无论是日常交往沟通还是商贸往来，都十分看重社会关系的构筑。技术进步带来通信方式和消费方式的革新，人们的生活方式发生变化，随之而来的价值观也受到了极大的影响，2020 年新冠肺炎疫情突如其来，折射出技术重塑价值观的价值，人们站在时代的拐点上，正在积极应对系列不确定性和挑战。另外，中国是一个文明未曾间断的文明古国，长期以来处于农业社会，农耕维系着社会的顺畅运转，无论从体力劳动还是精神劳动上来说，人们都养成了以劳动获取生命尊严和价值的意识。机器自动化、智能化的应用替代了许多岗位和职业，这种变化对于中国来说，在短期内是难以接受的，人们的心理承受着不同程度的压力。但是另一方面，中国也看到了新技术正在创造着新的工作机会与重构社会生产力，以积极拥抱的姿态，抢占发展新机遇。

中国自古以来重视社会的和谐发展、人民生活的幸福安康。人工智能带来的影响既有积极的方面，也有令人陷入消极应对和抵触的成分，当人工智广泛应用时，中国首要考虑的是如何利用技术更好地服务改善人民的生活，促进经济发展和产业升级转型，最大限度地带来尽可能少的由于新技术造成的新的社会问题，帮助解决更多的社会问题。技术的社会意义交汇在此，力图达到融会贯通的境界，做到科学技术成果由人民共享。

共同关注

人类的历史是一部发明史，技艺的完善与发展标记了进步的每一个台阶，但没有一项技术像今日所见的人工智能那样，具有取代人类劳动的潜力。时下已开始应用的所谓"弱人工智能"其实并不弱。机器人未必需要以 20 世纪科幻电影中的那种形态存在，但它以不同的体量和形式出现在我们社会生活的各个方面，或公开地，或隐蔽地发挥着它们形形色色的功能，已然给我们的生活带来了革命性的变化。

机器与人类之间，早已经不是科幻与现实的距离。本书在分析了人工智能在美国、欧洲、日本、中国对价值观念的作用之后，我们可以看出，虽然各国各地区社会文化传统不同，但是其中却包含了许多共有的元素。"人"在新的经济形态、社会组织和文化判断的框架内，应当如何定位，已成为世界各地共同关注的、极具现实意义的问题。从历史演变过程不难看出，人类的价值观也是随着社会的进步而不断进步。当前，如何在各自价值框架之内，实现对人与机器关系的调和，则需要依赖各国各区域自己独特的文化路径。在迎接机器带来的价值挑战中，重视人工智能发展的国家如何团结协作，求同存异，寻求最大的价值公约数，关乎到人类集体共有的未来。为此，我们需要高度共同关注如下问题：

1. 以人为本

人工智能核心是人机融合。在世界各个区域，政府、企业和民众都已经认识到，人机融合不限于脑机接口、智能义肢等物理形式，它更多的是情境化的、游击式的融合。随着需要依赖机器和大规模数据计算的应用场景越来越多，人的生活将与机器发生长时间的伴生，渐成一体，这种人机融合是社会性的，其影响力不只是集中于产业链的局部，而是广泛存在于消费端与日常生活，算法在用途上的普适性进一步放大了人工智能的社会影响。

人工智能带来的道德挑战，是人的权益与机器及其拥有者的权益的平衡。历史上，工业化程度居先的发达国家小觑了产业革命的社会效应，没有从价值观的高度厘清劳动与价值的关系，没有配套的政策和制度应对，财富快速向持有技术与资金的一方集中。一些发达国家贫富矛盾尖锐，反智主义兴起，这正是早期人机关系中机器一方获益过多的后果。

与工厂一隅不同，今日人工智能所带来的价值冲击发生在众目睽睽之下，新的价值体系也将在民众参与和共治之中逐渐成形。人工智能对社会价值观的重塑，不能不以提升民众的数字福祉为根本。人工智能作为融资的大旗如果管用，那么它就应当在公共空间里接受民众的道德检阅，这是全民共建人工智能带来的价值观的经济基础，是具有决定作用的。唯有在更高的层次上与社会治理相结合，用于改善民众生活，人工智能才可能被广为接纳，广为使用。

世界各国对于人工智能的管理方式，已经出现了以人为本的共同趋势。在美国，消费者利用个人信息换取便利的盈利模式已显疲软，反制逐渐形成萌芽；在欧洲，围绕人的权益的价值规范成为其约束并追赶其他人工智能强国的一种文化策略；在日本，老龄化的人口对人工智能的未来应用做出了限定；在中国，人工智能正在融入传统的和谐价值观中，在动态中寻求人与机器的动态平衡。这些都包含了社会公众对于新一代人工智能合法性、合理性的重新审视。

各国虽然文化传统与经济路径各不相同，但是都试图从不同的角度重新诠释和定位"人"的社会经济坐标。人在传统社会生活中所追求的幸福、安全、平等、自由、透明、信任等，也都需要在数字经济的背景之下得到反映，获得保障，这是数字福祉的应有之义。当下人工智能发展，必须要强调以人为本，强调数字福祉的全面提升，在实践中充实其内涵、逐渐改变传统观念，这才有可能将人工智能发展与长久存在的社会问题的解决统一起来，造福人类。

2. 和而不同

计算机语言不分国界，人机对话的本质是非文化的。曾有一种声音，认为人工智能的普及将实现赛博空间中的"天下大同"。目前，人工智能确实为一些价值伦理的跨国讨论提供了技术抓手，文化偏见与成见不再是一个单纯的文化问题。然而，人工智能与人类社会有别于传统的技术—社会关系，其应用方式决定了人工智能本身就是社会性的，因此各个地区的文化差异仍不容忽视。

本书研究表明，价值观会因为人工智能广泛介入社会生活在各个区域出现一些相似的变化趋向，但并不意味着文化的同化。现阶段，人工智能仍然停留在数据工具的层面，并不具备自觉的意识，无法以道德主体的身份参与文化的创造。换言之，人工智能在每个特定国家的发展方式，很大程度上仍然会遵循既有的价值体系。因此，在价值观的层面，我们仍需要秉持和而不同的原则，避免走向极端。

此外，人工智能当下的产业形态也决定了其发展必须要遵循价值多元的原则。商用人工智能离不开不断寻求新的运用情境，不断寻求新的人群。基于特定文化习俗的区域型应用场景，最终必然不止步于某个特定区域，反而会为世界其他地区的一些场景提供借鉴，并为整个人工智能行业提供经验，创造新的利益增长点，为人工智能更好地施惠全球提供解放思想的力量。如果以不同的价值观念为背景，寻找更多使用的方式，这种社会环境对于人工智能发展本身也是有益的。

在一个行业发展初期，多一种选择就是多一种发展的潜力点与可能性。人工智能现阶段需要全球各国的通力协作。在多元文化、多元价值观的世界里，机器学习需要遵循多元利益的原则，人工智能的发展才能实现多元施惠。例如，2016 年 4 月，英国标准组织（BSI）发布《机器人和系统的伦理设计和应用准则》中提到，研发企业要增进机器人对文化的多样性和多元性的尊重。为此，各国各区域之间应当在尊重不同文化习俗，尊重不同价值取向的基础之上，以人工智能为抓手，寻求更广泛的共同关切，把新的技术手段用作解开人类社会生活中百年难题的钥匙。

3. 人类命运共同体

人类对于美好生活的不变追求，在于百花齐放。从价值观的层面看，人工智能关乎人类下一个科技台阶上的生存形态，关乎世界上各民族民众的日常生活。人工智能必须确保他们在新的科技生态之中，基本权益能得到保障，社会趋于公平而非走向反面，生活更加便利，但又不能以牺牲一切社交互动为代价。

国与国的科技较量，并不是单一的竞争关系。在这个充满机遇与挑战的技术空间里，人类的命运早已连为一体。作为文化的产物和塑造文化的科技工具，人工智能应当在多元的文明环境中成长，以文明交流超越文明隔阂、文明互鉴超越文明冲突、文明共存超越文明优越，使得各种价值观都能够成为人工智能和机器学习的养分，促进和而不同、兼收并蓄的交流对话。

人工智能在商用、民用中产生的伦理挑战已经为世界各国提供了统一的战线。唯有在技术层面寻求更多的合作沟通，确保各国的人工智能发展在相对透明、相对开放的政治语境中进行，才能推进这项技术用于开放、包容、普惠、平衡、共赢的经济。

今日的人工智能仍是一个极为松散的概念，它的定义宽泛，其对价值观的影响和随之而来的道德效应，需要我们在实践中不断观察、总结、充实、更新。诚然，人工智能目前仍处于发展初期，要为我们的道德"减负"还遥遥无期。人类仍将长期处于与人工智能一起成长的初级阶段。席卷而来的潮流之中，与其一味应变，不如把关于未来的判断提前写在我们的价值观念里。在人与机器共同搭建起来的未来舞台上，人类始终还是要做自己命运的主人。